Rich致富333

# amazon稱霸全球的戰略

成毛真　著
涂紋凰　譯

高寶書版集團

# 前言

我們的生活已經無法脫離亞馬遜了。有些人可能會覺得我這樣說，未免也太言過其實。然而，這和有沒有在亞馬遜購物無關。因為就算不直接使用服務，亞馬遜也早已滲透整個社會。

亞馬遜的保密主義非常有名。無論亞馬遜多麼近在咫尺，任何人都無法窺見它的全貌。正因如此，我們才更要了解亞馬遜這個「帝國」。

我可以斷言，亞馬遜的商業模式絕對是企業管理學的一大革命。十年後勢必會載入企業管理學的教科書中，可謂是劃時代的企業。亞馬遜是第一個消除「網路與真實世界之界線」的存在，未來也會繼續經營下去。

亞馬遜是各種新事業的集合體。商業模式、金流、AI技術……所謂的了解亞馬遜，並不是單純了解亞馬遜的經營而已。

本書舉出亞馬遜的各個競爭對手為範例。除了微軟、Apple、Google等IT企業，還有豐田汽車、NTTdocomo、樂天、三越伊勢丹、三菱日聯金融集團在各業界中的頂級企業。也就是說，只要了解亞馬遜一間公司，就能了解主要業界的生態，了解業界內正在發生什麼事，掌握現代商務人士應該知道的最新脈動。

現在就先來看看亞馬遜的厲害之處吧！

亞馬遜於一九九五年開始營業，之後就一直維持爆炸性的成長。

首先，亞馬遜現在的股價和當初上市時相比，提升了一二五二倍。

觀察自二〇一五年六月開始三年之間的股價推移便可發現，Apple、Google、Facebook分別成長了二倍，而亞馬遜則成長了四倍。

支持股價成長的關鍵在於「現金流經營」。現金流指的是企業活動中可自由使用的現金。一般而言，企業會用來投資設備、還款、列入收益。然而，亞馬遜長期未將現金流列入收益，而是將大部分的現金投資設備。

極端地說，亞馬遜每年耗費數千億日圓，持續建設超大型物流倉庫和零售店。

除此之外，亞馬遜的資金狀況最令人驚奇的就是在零售業中非常突出的現金循環週期（Cash Conversion Cycle）。它的現金循環週期就像「聚寶盆」一樣，現金越滾越多。

所謂的現金循環週期指的是從顧客身上收到款項的時間。二〇一七年十二月亞馬遜的現金循環週期竟然為負二十八・五天。也就是說，亞馬遜在商品售出前約三十天就已經拿到現金，而沃爾瑪和好市多同時期的現金循環週期則都是正數。

詳細內容我會在書中說明，**但我能斷言亞馬遜的銷售額越是成長，能入口袋的資金就越大**，簡直像是一台印鈔機。相反地，這對亞馬遜而言是生存的關鍵，同時也是亞馬遜競爭對手的噩夢。因為這表示競爭對手會同時失去市占率和成長機會。

然而，這些強項也只是冰山一角而已。亞馬遜真正的長處在於企業服務。

亞馬遜網路服務公司（Amazon Web Services，簡稱 AWS）與亞馬遜物流（Fulfillment by Amazon，簡稱 FBA）就是企業服務的兩大護法。**在 IT 業界，亞馬遜是公認的大企業雲端服務公司。**

因為 AWS 的出現，企業不再需要耗費鉅資開發伺服器。因此，亞馬遜也在雲端業界掀起一場革命。

另外，對亞馬遜而言，雲端事業能妥善應用自家最有利的規模效益。譬如，日本企業會在早上八點到下午五點使用電腦，但到了深夜就幾乎無人使用。相同規模的美國企業如果在這個時間帶使用電腦，那麼雙方的使用成本就能折半。這樣的作法若應用在地球上無數的企業，成本就會更便宜。

**AWS 的營業淨利為四十三億美元，比亞馬遜任何一個事業都高。**如果要問亞馬遜是靠什麼賺錢，答案應該就是雲端事業。因為這些營業收入，又會用來投資其他事業的設備。

AWS 實際上的競爭對手只有微軟的 Azure。巧的是這兩個企業都以西雅圖為根據地，現在西雅圖的榮景已經超乎想像。

**亞馬遜物流（FBA）是未來許多企業會需要的服務，而且對競爭者來說也將會是一場噩夢。**針對這一點，我會在書中詳談，但簡單而言，亞馬遜提供的服務品項眾多還非常廉價。這項服務提供中小企業在亞馬遜上架販售商品的「基礎建設」。中小企業無法準備的倉庫、庫存管理、結帳、配送、顧客服務，都可以由亞馬遜代勞。

也就是說，使用FBA服務的上架業者，只要把自家商品送到亞馬遜的倉庫，後續就幾乎不需要再費神。亞馬遜不只能管理庫存，也可以負責結帳、配送。甚至連不在亞馬遜販售的商品都可以透過亞馬遜的物流網配。

假設個人計畫推出新商品，可以委託中國設計、製造，再把銷售與流通交給亞馬遜，這樣的經營模式也能成立。單獨一個人也能創造出數百億的事業。FBA就是能夠實現這種模式的服務。

因為FBA如此方便的組織架構，使得亞馬遜的商品品項多得數不清。現在商城中銷售的商品，全球超過二億個品項。各種類型的業者都透過亞馬遜販售商品。

當然，物流也做得很好。透過FBA等服務匯集大量的商品，要送到顧客手中，全都靠亞馬遜最強的物流系統。一個倉庫平均每天要送出一百六十萬個商品。

亞馬遜擁有自己的空運、海運方法，以長久累積的購物資料庫為基礎，推薦最適合的商品。「今天買、明天送到」的物流，就是亞馬遜最強大的服務，也是其他企業沒有的武器。

亞馬遜的特殊性不僅限於它的規模與架構。網路商店無法竊盜，因此亞馬遜的竊盜損失率為零。沒有實體店鋪這一點，光是日本就每年多出三百億日圓的收益。

另外，亞馬遜不只線上販售，同時也持續拓展實體店面。二〇一七年收購了高級超市Whole Foods（全食超市），因此一舉獲得以美國為主且擴及加拿大、英國黃金地段逾四百五十間店鋪。除此之外，還開始經營「Amazon GO」這樣的無人商店。**無論是哪一項服務，都**

**沒有單純停留在零售業，而是成為超越網路與真實世界之界線的亞馬遜服務據點。**

光是概觀就能找到這麼多驚人之處。而且，這些只是亞馬遜眾多強項的冰山一角。恐怕連創辦人傑佛瑞・貝佐斯自己都無法掌握這日益擴大的企業。

亞馬遜的創辦人傑佛瑞・貝佐斯在今年登上富比士全球富豪榜第一名。總資產額為一千一百二十億美元。由於亞馬遜的股價在過去一年成長約五十九％，所以他的資產在一年之間增加了三百九十二億美元。據說這是富比士富豪榜有史以來資產成長幅度最大的案例。

閱讀本書的讀者當中，應該有人是亞馬遜的 prime 會員，完全沉浸在亞馬遜的世界之中；也有人在不知不覺中使用了 AWS 的服務。本書將說明亞馬遜如何成為獨霸一方的企業、為何不斷提供無法有收益的嶄新服務以及亞馬遜描繪的未來構想，帶領讀者一覽這個巨大企業的全貌。

數年之內，亞馬遜就會開始用無人機配送商品。目前已經在規劃無人機的空中基地，甚至申請了專利。我現在就能想像，未來配送商品時已經看不到配送員，而是無人機載著亞馬遜的紙箱降落後飛走的樣子。

亞馬遜為了實現客戶的願望，驅使技術打造基礎建設。現在投資範疇甚至涉略 AI、自動駕駛、人臉辨識、翻譯系統。可以說了解亞馬遜的投資對象，就能了解這個世界的未來。

我謹此重申，亞馬遜不斷建構一個「帝國」。了解現在的亞馬遜就是了解商業圈最先進的知識，也等於了解整個未來社會。

# Contents

## chapter #03 亞馬遜獲利最高的是 AWS



## chapter #04 何謂亞馬遜的「prime 會員」

## chapter #05 從亞馬遜了解企業併購



## chapter #06 以巨大的倉庫與配送能力掌控物流

# Prologue

# 沒有亞馬遜可能會活不下去

# 沒有亞馬遜可能會活不下去

十年前這句話聽起來還像是在開不好笑的玩笑，但二〇一八年這個時間點「沒有亞馬遜可能會活不下去」的情況已經逐漸變成現實。就算附近的便利商店消失、電視停播一整天，對生活也不會產生什麼困擾，但無法使用亞馬遜的話，就會影響日常生活，這樣的人越來越多了。

不只無法在「地球上商品種類最豐富」的購物平台消費，購物之後也無法隔天收到商品，付費訂購會員沒辦法再隨時隨地免費享受看電影、聽音樂的服務。然而，這些只不過是亞馬遜的其中一面而已。亞馬遜對企業的影響則更加深遠。亞馬遜以外的第三者也可以在「商城」網站上架商品，全球共有超過二百萬家企業使用該平台。商城提供至出貨、配送的一條龍服務。很多企業沒有亞馬遜，就無法經營下去。

不僅如此，還有由亞馬遜營運的 AWS（Amazon Web Services）。這是企業用的雲端服務，原本是為自家的網路銷售而建立巨大的伺服器系統，後來應用閒置空間而衍生出這項服務。也就是說，當初只是個副產品般的事業，現在卻發展成世界知名大企業與美國政府機關都在使用的服務，而且還創造出難以置信的收益。亞馬遜也成為凌駕微軟與Google，全球最大的雲端服務公司。

AWS一旦停止服務，許多大企業的資訊處理都會中斷。甚至可能會引起金融機關的支付凍結，世界經濟整體瓦解。

或許有人還不知道，無論是個人還是企業，不，應該是說人類沒有亞馬遜就活不下去的時代已經悄悄到來。

## 就連創辦人傑佛瑞・貝佐斯也無法阻止亞馬遜的成長

談到這裡各位應該都已經了解，亞馬遜與我們的生活密不可分了吧？仔細想想，這是很恐怖的狀況。個人和企業乃至社會都強烈依賴亞馬遜，若亞馬遜提高商品價格或停止服務，應該就會出現許多購物難民與破產的企業。有不少人擔心這樣的狀況，害怕亞馬遜會吞噬各種產業而發出警訊。

亞馬遜是網路通路的霸主，這一點大家應該都毫無疑義。亞馬遜在美國的網路通路市場擁有四成以上的市占率，服務收益高達二十兆日圓。簡直就是網路界的巨人。

或許有人會懷疑「這難道沒有違反公平交易法嗎？」然而，網路通路本身只占零售業整體的一成。也就是說，以整個零售業界來看亞馬遜的市占率，在全美也只占四％左右。因此，亞馬遜還不算是寡占企業，就法律層面來看，很難以這一點為理由排擠亞馬遜。

更何況人們也沒有理由排擠亞馬遜。亞馬遜的宗旨就是成為「地球上最重視顧客的企業」。總是以最低廉的價格，迅速提供商品給顧客。雖然用廉價商品掌握高市占率，但在那之後也沒有因此而漲價。至少消費者並未對價格產生不滿。

競爭最為激烈的美國零售業中，亞馬遜的出現的確讓實體店鋪陷入困境。然而，就法律層面而言，目前仍無法約束亞馬遜。

## 亞馬遜為何採取保密主義?

亞馬遜採取保密主義。甚至有當地媒體揶揄亞馬遜就像史達林時代的蘇聯。

相較於 Apple 的賈伯斯和微軟的比爾蓋茲，大家對亞馬遜的創辦人傑佛瑞・貝佐斯幾乎沒什麼印象。

他的公開經歷為：「成長於德克薩斯州休士頓，普林斯頓大學畢業，曾任職於金融業，看好網路事業的未來而創業。」一九六四年一月十二日生，有四個孩子，是個中等身材的光頭，每張照片都給人皮笑肉不笑的印象。資產一千一百二十億美元（二〇一八年的資料），一般認為他思想保守、不愛交際，最近幾乎不在媒體前露面。似乎是因為想重視與家人相處的時間，但真相其實不明。

不過，他以前經常回應採訪，所以絕對不是討厭媒體。現在也能在 YouTube 上看到展露特殊高亢笑聲的貝佐斯。這種笑聲某部分看起來像是爽朗經營者的演技，很難讓人看到貝佐斯的真面目。貝佐斯的資訊已經公開到這種程度，但本身還是一團謎，所以更令人恐懼。

當然，沒有必要徹底了解企業經營者的人格，有能力的經營者大多具備外向的人格。然而，貝佐斯充滿神秘感，不只是因為貝佐斯個人，最大的原因在於亞馬遜這個企業本身就採取保密主義。

譬如剛才提到最高的AWS，其事業規模長期以來都未公開。**因此，一般被當作網路購物公司的亞馬遜，一直到近幾年大家才知道它其實是靠雲端服務在賺錢。**

另外，亞馬遜不會詳細公布自家的新產品。調查公司和證券公司都只能推測亞馬遜的事業規模。比方說伴隨大規模宣傳登場的AI音響Amazon Echo，其銷售數量都是未知數。有人說銷售五百萬台，也有人說一千萬台，各家報導的內容都不一樣。除此之外，關於今後的新商品和經營戰略，也有各種不同猜測。針對這些言論，亞馬遜一律不回應。以其他大企業來說，這是不可能發生的事情。

大多數的公司會對不利的消息保持緘默，有利的消息則是沒人想聽也會大肆發表。像是豐田汽車公司的新款油電混合車市占率、Apple的iPhone銷售量，公司都會理所當然地主動對各媒體發布新聞稿。

然而，亞馬遜連對自己有利的消息都保持緘默。

雖然我也只能推測原因，但從亞馬遜主張以顧客利益優先的角度來看，和各報導媒體等第三者接觸，或許只是浪費時間而已。簡而言之，亞馬遜經手太多事業，因為想專注於本業，所以覺得和媒體打交道「很麻煩」吧！

# 了解亞馬遜就等於了解未來的企業管理學

截至目前為止，其他大企業也如亞馬遜一樣經手多種事業。具代表性的有美國的奇異公司、日本的日立製作所等企業。

比方說日立製作所原本是做馬達起家，現在從吹風機到核能發電廠都以同一品牌展開事業。衍生出來的事業會獨立成公司，最後形成日立集團。**然而，亞馬遜的特殊之處在於各事業一樣獨立，但比一般複合企業擁有更強大的相乘效果，旗下所有公司皆以驚人的速度持續成長。**

亞馬遜這樣的特徵無論對消費者或相關業者都有好處。

所謂的商城，簡單來說就像樂天市場一樣，是一種可以將商品上架到亞馬遜網站的架構（雖然稍有不同，不過針對這一點容後再述），許多外部業者都能輕鬆使用這項服務，消費者也因此能獲得更廉價的商品。

商城中的商品大多使用亞馬遜準備的物流系統，訂單越多就越好理貨，物流費也會更便宜。

參加商城的企業中，也有因為事業規模擴大而開始使用亞馬遜提供的資訊系統 AWS。除此之外，進貨需要資金，或許也有企業會使用亞馬遜的融資服務。企業一旦開始使用亞馬遜的服務，就很可能因為太過方便而橫向拓展，使用其他的服務。

**雖然每個事業的收益都很多，但不靠單獨收支經營事業也是亞馬遜的高明之處。**

譬如「prime 會員」能享有免運費的服務。prime 會員每次購物，亞馬遜都必須支付貨運公司配送費。依情況不同，配送成本會超過會費收入，甚至可能造成虧損。

然而，就算配送單一商品造成虧本，但 prime 會員會變成回頭客，統一下訂單的機率提高，就亞馬遜整體而言還是賺錢。順帶一提，非 prime 會員的一般用戶年平均消費額為七百美元，這絕對不是個小數目，但 prime 會員則平均消費一千三百美元[1]。

當然，每個事業都各自持續成長茁壯。

雲端服務 AWS 超越 IT 專業的微軟，遠遠甩開競爭者獨霸全球的市占率。亞馬遜的 AWS 負責人曾發下豪語，表示總有一天 AWS 不再只是輔助零售的事業，營收早晚會超越零售業。**亞馬遜最大的特徵就是成立新事業時，總是抱著虧損的覺悟投資。**這就是亞馬遜整體最明確的戰略。

1 根據美國市場調查公司 CIRP 的調查所顯示的數據。

然而，想必連貝佐斯自己都無法掌握每個事業成長到什麼地步吧！

貝佐斯曾說亞馬遜是後勤企業。

所謂的後勤指的是軍隊中的後勤部隊。後勤部隊在戰場上會補充軍隊活動所需的軍需品以及士兵，還要確保將物資和人送到前線的路徑，也就是擁有物流網。拿下後勤部隊的人，就能在戰爭中獲得勝利。歷史上最重視後勤部隊的就是羅馬帝國。古代羅馬軍素有「羅馬靠後勤部隊奪天下」之稱。誠如條條大路通羅馬這句豪言壯語所述，他們打造至今仍堪使用的運用道路。

亞馬遜最重視顧客的權益。擁有完整的物流網，甚至有自己的聯結車、開發並提供雲端服務、免運費、**prime** 會員、透過購物網站累積的購物數據……亞馬遜壓倒性的服務能力，對客戶而言就是最強而有力的後勤部隊。而且還很便宜。想必貝佐斯就是因為這樣才形容自家公司是後勤企業吧！

超越國家框架、目前仍持續擴張的亞馬遜，或許可以說是二十一世紀的羅馬帝國。網路購物、雲端服務、**AI** 音響，所有和 **IT** 相關的道路條條通向亞馬遜。而貝佐斯也不知道「國土」會擴張到哪裡，或許他自己早就已經不再規畫未來藍圖了。

創業二十多年，亞馬遜如何建構出這樣一個「帝國」，今後又要往哪裡前進呢？

了解這一點，對現代人而言非常重要。了解亞馬遜這一個組織，不只是「了解電商網站的零售業」，而是了解現代最先進的商業趨勢。

對現代的商務人士而言，再也沒有比亞馬遜更有趣的企業了。研究亞馬遜就等於閱讀十年後商業管理教科書。

# 亞馬遜影響全球經濟活動

線上字典「維基詞典」中，針對「亞馬遜」的名詞解釋為希臘神話中登場的亞馬遜族，也就是「高壯、善運動的女性」。

另一方面，動詞則有「Amazoning」、「Amazoned」。這些動詞和亞馬遜族沒有關係。「Amazoned」表示「被亞馬遜了」。這是從傑佛瑞・貝佐斯創辦的亞馬遜衍生出來的俗語。表示「壓倒其他人」或者「被滅了」。

有聽過「亞馬遜效應」這個詞嗎？

最近在《日本經濟新聞》或經濟專業雜誌時常會聽到這個詞。在商務人士之間已經變成一般名詞了。

一言以蔽之，亞馬遜效應就是全球規模的經濟秩序破壞與重建。

「Amazoning」、「Amazoned」等詞彙，表示很多產業和企業可能因為亞馬遜而面臨消滅的命運，使得產業結構改變。

亞馬遜效應是個很難說明的詞彙。比方說亞馬遜不只能改變個別產業，甚至可能改變產業本身的常態。我之後會詳述的電腦業界也是從賣電腦和伺服器的時代，變化成賣（雲端）服務的時代。讓風向轉往雲端的正是亞馬遜。

過去原本從賣電腦等硬體轉變到以賣伺服器為主時，電腦業界的產業結構就已經改變過。當重心轉往雲端時，又發生相同的情形。亞馬遜在各業界都掀起相同的變化。所謂的亞馬遜效應，可以說是個別企業的消滅、產業本身的消滅，也是嶄新產業的興起。

譬如物流網也可能轉變成全新的型態。以往的物流，對零售業和製造業的企業來說都是外包的工作，自從亞馬遜擁有倉庫之後，其他企業也開始自己負擔倉儲的工作。當配送都由自家公司包辦時，或許物流本身的定義便完全改變，結果使得其他公司也必須追隨。

最好的例子就是日本的樂天，現在正致力於增設倉庫。其他企業也一樣。不只零售業，包含廠商在內，整個產業結構都逐漸改變。

這些現象就可稱為亞馬遜效應。也就是說亞馬遜的出現，已經影響全球經濟活動到這樣的程度。

## 錯判網路潛能的公司正在倒閉

錯判網路潛能的公司正在一一倒閉。亞馬遜象徵的是「若將公司未來的投資交付他人，會讓自家公司陷入莫大的存亡危機」。很多倒閉的企業，都沒有發現時代已經改變。和亞馬遜的事業體系完全重疊，過去曾是全美規模第二大的連鎖書店博德斯集團以及第二大家電量販店電路城都已經銷聲匿跡。近年，素有玩具業界巨匠之稱的玩具反斗城，也於二〇一七年九月破產。據報導，負債總額約為五十二億美元。

其實美國的玩具反斗城曾在二〇〇〇年與亞馬遜簽下十年的網路專賣契約。亞馬遜承諾只經手玩具反斗城提供的玩具商品。當時，點擊玩具反斗城官方網頁就會自動連結到亞馬遜的玩具專區。

然而，數年後亞馬遜以玩具反斗城提供的商品數量太少為由，開始經手其他業者的商品。玩具反斗城震怒之下廢除合約，二〇〇六年開始成立自己的購物網站，但為時已晚。玩具反斗城已經無力對抗亞馬遜。販售書籍的博德斯集團也幾乎走上相同的路線。

話雖如此，這些案例與其說是亞馬遜刻意擊潰競爭對手，不如說是玩具反斗城和博德斯集團誤判網路的潛力。而且，其結果在數年後便高下立判，現實非常殘酷。

日本的金融機構應該把這些案例視為他山之石。譬如便利商店仍然使用現金解決小額支付，這種作法可能只剩下日本在用了。日本有朝一日一定會像其他國家一樣使用電子錢包。據說，支付寶等電子支付在中國的都會地區的普及率高達九十八%。目前幾乎沒有在使用現金。或許，中國人會認為亞馬遜是從中國發跡的。

股票市場甚至也出現「Death by Amazon」[2]這個說法。直譯就是「因為亞馬遜而死亡的死者名單」。截至二〇一七年一月有五十四支股票上榜。這份清單只依序列出零售業中賣空餘額（請參照次頁）較高的股票。所謂的賣空，就是該企業股價跌越多越賺的股票操作方式，所以賣空餘額高就表示投資人預想這些企業的股價會下跌。事實上，這五十四支股票的確持續下跌中。而零售業倒閉的原因，就在於「亞馬遜」。

亞馬遜對零售店的威脅，已經足以製成這種指標性的指數了。現在亞馬遜儼然就是君臨零售業的王者。

2　市場統計調查公司 Bespoke Investment Group 之調查資料。

何謂賣空

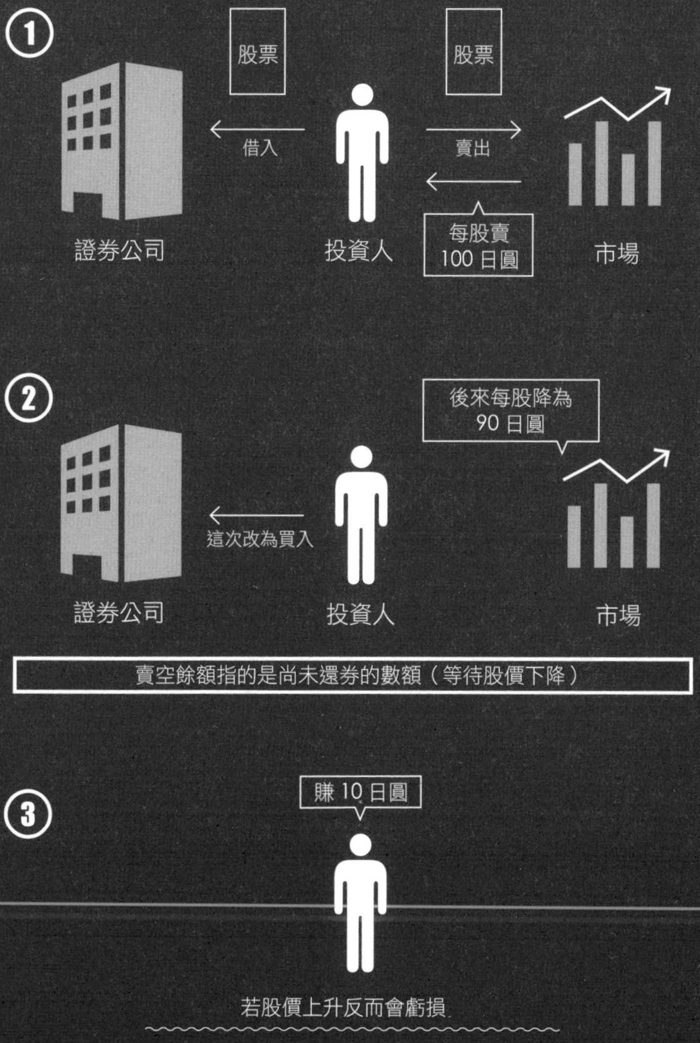
①
股票
股票
借入
賣出
證券公司
投資人
每股賣
100 日圓
市場
②
後來每股降為
90 日圓
這次改為買入
證券公司
投資人
市場
賣空餘額指的是尚未還券的數額（等待股價下降）
③
賺 10 日圓
若股價上升反而會虧損

# 亞馬遜到底哪裡厲害？

GAFA一個詞自二〇一五年開始就成為美國股市的流行語。Google的G、Apple的A、Facebook的F以及Amazon的A，各自取開頭的字母創造出這個新詞。再加上微軟的M就是GAFA+M，又被稱為五大企業。這五大企業都是新興企業，市值非常高。

「市值」（請參照次頁）指的是股價乘上已發行股票量，可顯示公司當下的市場價值。簡單來說，就是足以買下這間公司的金額。

**GAFA+M在二〇一八年的市值第一名是Apple，第二名是亞馬遜，第三名是Google的母公司Alphabet，第四名是微軟。最後一名則是Facebook。**

於本節最後有日本企業與五大企業的市值比較圖，看過之後就能了解，金額高到超乎想像。日本企業市值最高的豐田汽車，金額也只有位居第五名的Facebook的一半。緊接著是NTT、NTTdocomo、三菱日聯金融集團、Softbank。日本前五大企業的市值全部加起來，都無法超越亞馬遜的市值七千七百七十七億美元（約七十八兆日圓）。

何謂市值

A公司
=
每股
100 日圓
×
假設發行
一億股
A 公司的市值即為
100 億日圓
也就是說，可以用 100 億日圓買下該公司

順帶一提，在日本被視為亞馬遜競爭對手的樂天公司，市值為一・一兆日圓；退出亞馬遜當天配送的雅瑪多控股公司市值則為一・二兆日圓。以亞馬遜的角度來看，根本就是吹口氣就會飛走的金額。規模簡直天差地別。

GAFA+M 合計市值達三兆六千六百九十九億美元。這個規模甚至可以凌駕全球 GDP 排名第四的德國。如此一來，各位應該就能了解這五大企業為何能引領美國的經濟了。

這裡需要注意的是他們的成長速度。這些企業爬到目前的地位後，還未經過太長的時間。Apple 發售改變世界的智慧型手機「iPhone」不過是十年前的事。Facebook 則是在二〇一二年上市，至今不過短短六年。亞馬遜也是在一九九五年才誕生。相較之下，市值前幾名的日本公司有很多都是百年企業。各位從這裡應該就能看出五大企業的特殊之處。

五大企業的市值

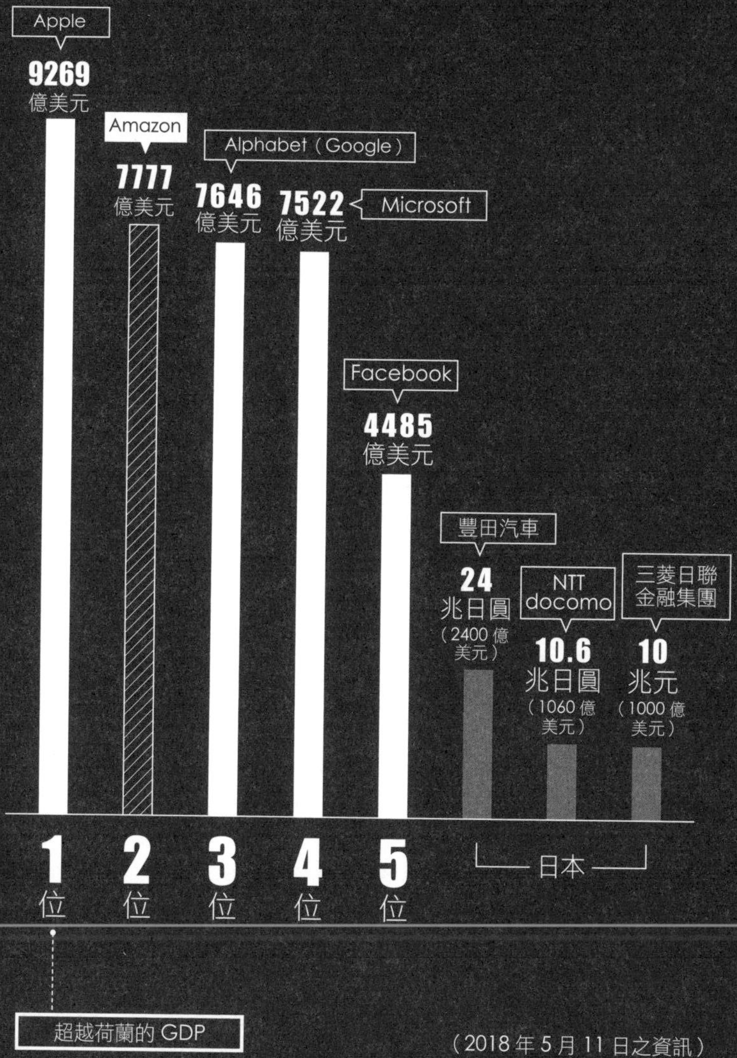


（2018 年 5 月 11 日之資訊）

## 在五大企業中仍然一枝獨秀的成長性

在這五大企業中，就成長面來看亞馬遜可是說是鶴立雞群。甚至有投資人表示：「不久的將來，亞馬遜將會超越Apple，成為第一個市值超過一兆美元的企業。」

**亞馬遜之所以能獲得這樣的評價，是因為它的事業範圍廣大。**認為亞馬遜只是「網路書店」的人已經很少了。應該有很多人在亞馬遜上購買書籍以外的商品才對。

亞馬遜自創業時就一直以經手地球上所有商品的「Everything Store」為宗旨並獲得急速成長。話雖如此，就一九九九年亞馬遜的業績來看，公司整體的銷售額有八成來自美國境內的書籍販售。當時，亞馬遜只是「以線上書籍銷售為中心，同時經手CD、光碟、家電等商品的線上購物企業」。

然而，亞馬遜在那之後仍然貫徹經手地球上所有商品的宗旨，並持續實踐到現在。除了零售店經手的商品以外，也開始「販售」其他服務。

我們就來概覽亞馬遜除了零售以外的事業吧！

首先第一個要談的就是 AWS。相關細節之後會在第三章詳細說明，不過這一項可以說是亞馬遜當中最值得大書特書的事業。這項服務原本是為了營運自家網站而開發的系統，後來發展成其他公司也能利用的雲端服務並對外販售。

AWS 現在已經掌握全球三成以上的市占率。雲端服務的鼻祖原本是專攻 IT 的微軟和專攻網路的 Google。亞馬遜本來只是零售商，現在卻成為雲端業界擁有最大勢力的巨頭。順帶一提，日本的 IT 公司也提供雲端服務，但其規模還不到亞馬遜遍布全球的其中一個資料處理中心的十分之一。

亞馬遜提供偶像劇等原創內容、運動賽事影音等「prime 會員」專用服務，規模也很龐大。亞馬遜對原創內容的投資額據說比美國大型電視台還高。

另外，亞馬遜和國家美式足球聯盟 NFL 簽訂每年十場比賽的即時轉播契約。對美國人而言，足球就像日本人熱愛相撲和棒球一樣，但市場規模則多出數倍。足球可以說是足以讓整體國民「狂熱」的運動。NFL 現在除了亞馬遜之外，也和其他四大電視台簽訂轉播合約，但事實上和這四間公司的合約將於二〇二一年到期。電視台可能有一天也會被列入「因為亞馬遜而死亡的死者名單」之中。

另外，美國的影視業界，情況和日本有些不同。目前幾乎沒有人用無線電視看偶像劇。因為有線電視和網路電視等無數的偶像劇中，特別歡迎的劇每集都會以星級評價，而觀眾則以星級為基準選擇收看哪一部劇。

若亞馬遜的 prime 會員能夠免費收看 NFL 賽事和優質的偶像劇，業界會變成什麼樣子？

投資調查公司晨星（Morningstar）預測，不久後美國國內加入亞馬遜 prime 會員的戶數將超越有線電視和衛星電視的用戶人口。現在美國國內的 prime 會員已有八千萬戶，今後應該也會持續增加。亞馬遜對電視台而言也是一個威脅。

二〇一七年，亞馬遜不僅發展線上購物，也決定正式開始營運實體店鋪，故收購了銷售高級食材的全食超市。

處理重視新鮮度的食品和網購的定位相差甚遠，所以一直被認為是不會受到亞馬遜威脅的安全地帶。然而，亞馬遜打破網路框架，進軍實體店鋪，對業界的衝擊著實不小。

說到實體店鋪，二〇一五年亞馬遜在西雅圖開設「Amazon Books」的實體店面。本來因為亞馬遜而消失的實體書店，因此再度登場。

接著還開設了完全依靠科技營運的無人商店「Amazon Go」。Amazon Go 能讓顧客隨意將店內商品裝入提包，走出店門就自動從亞馬遜帳戶中扣款。店內的各個角度都裝有攝影機，所以不需要太多店員。使用這種技術，一口氣擴大展店規模的可能性很高。今後便利商店也可能會被列入「因為亞馬遜而死亡的死者名單」之中。

從技術面來看，有數位裝置「Kindle 閱讀器」、用電視看網路影片的「Fire TV Stick」、語音助理「Amazon Echo」等硬體設備，都是由亞馬遜自行開發、販售。

亞馬遜的物流也很強大。說到亞馬遜，大家就會想到「隔日送達」。為了盡快把商品送到顧客手上，亞馬遜擁有卡車和飛機，建構自己的物流網絡。而且，亞馬遜利用建構完成的物流網，在美國都會區開始配送其他公司的貨物。宅配等物流業者或許也會被列入「因為亞馬遜而死亡的死者名單」之中。

除此之外，亞馬遜也經營以法人為對象的金融事業。目前針對在亞馬遜商城上架的企業提供融資服務，但最近也有觀察分析指出未來可能會加入銀行業。

各位覺得如何？概覽這些事業之後，是不是已經搞不清楚亞馬遜到底是一間什麼樣的公司呢？線上購物的確占了亞馬遜半數以上的銷售額，但整體的銷售額太過龐大，所以才會隱而不現。**融合了好幾個全球規模的獨立事業，才是亞馬遜的真面目。**而且，無論哪個領域都能夠成為獨立的企業。

亞馬遜的基礎理念單純。**在從事本行時衍生出的技術和服務，若能橫向擴展就會好好培養；或者是有相關領域的事業，也會去闖一闖。**不過，亞馬遜的獨特之處，在於願意投注高額的資金，把這些事業推到該業界的頂點，成為業界的巨匠。

亞馬遜在全球的地位和 Apple、Google、Facebook 等企業一樣都屬於「科技公司」。這一點我想讀者應該都沒有異議。

然而，Apple 發展智慧型手機、Google 發展搜尋引擎和廣告，分別都被認知為某個固定領域的公司，而且實際上收益也的確幾乎依賴該領域，這一點和亞馬遜形成對比。

Apple 發展擴增實境（AR）的技術，Facebook 發展虛擬實境（VR）技術，Google 發展自動駕駛技術，各公司紛紛灑下次世代事業的種籽，但現在尚未有大幅收益。從這一點也可以看出亞馬遜的獨到之處。

# 人人畏懼足以撼動經濟的亞馬遜

從以前開始，人們就喜歡批判大企業擁有權力和龐大的資料庫，川普總統也在二〇一六年選舉期間提過亞馬遜的問題，對亞馬遜來說，局勢也不算太平。

川普在FOX電視台受訪時曾將矛頭指向亞馬遜：「我認為貝佐斯會因為違反公平交易法而受裁決。因為他已經嚴重違規了。亞馬遜在很多領域都處於壟斷的地位。」因為這件事，川普當選之後，亞馬遜的股票遭拋售，股價曾暫時下跌將近一成。

當然，這是川普最擅長的選舉用言論，不過川普判斷這種言論會獲得民眾支持，就表示美國有很多群眾對亞馬遜感到厭惡，甚至覺得自己受到威脅。順帶一提，選舉後，川普和貝佐斯在川普大廈會談，而且還並肩走在一起。有人認為亞馬遜創造十萬個工作機會的計畫，就是為了緩和與政權對立，「企圖向政治靠攏」的手段。

有分析師主張亞馬遜就是造成通貨緊縮的元兇。美國和日本的物價一直無法上漲，分析師認為「這是因為亞馬遜的銷售能力壓制一般物價的上升」。

亞馬遜以「廉價提供地球上所有商品」為宗旨，也就是說，這個企業在全球實施「只要比其他商店貴一塊錢也會馬上降價」。今後亞馬遜經手的商品量仍會持續增加，如此一來價格可能會越來越低。其他零售業者為了和亞馬遜對抗，只能繼續砍價，一般物價就更難提升了。

我想說的重點不在這項觀察正確與否，而是亞馬遜儼然是足以撼動經濟的存在。

話雖如此，假設政府限制併分割集中在亞馬遜的財富和資料庫，又會如何呢？美國報刊《華爾街日報》的財經版負責人丹尼斯．巴曼曾在推特上寫過一則笑話，獲得廣大迴響。

「如果亞馬遜在二〇二五年分割成數個企業，會發生什麼事呢？商業買賣、網路服務、媒體、物流服務、人工智慧（AI）、基因檢測……就算分割成不同公司也會（在各領域）變成壟斷企業吧？」

在美國，亞馬遜就是如此令人恐懼的存在。

成毛真的觀察

·01·

# 其實大企業無法像亞馬遜一樣擴大與轉換事業

亞馬遜究竟朝哪個方向前進呢？亞馬遜究竟想成為什麼樣的企業呢？越深入調查就越難得到答案。這個答案恐怕連傑佛瑞·貝佐斯自己都不知道。貝佐斯的經營方式就是如此脫離常軌。

譬如說，AWS和prime會員的事業，都各自專注於追求自己的利益。這是因為各個部門完全獨立。這種作法本身並不稀奇。在日本也有事業部制度，公司會給予一定的裁量權，但相對地該事業部也要對業績負責。

然而，就日本的情形來說，雖然事業部獨立，但仍然是公司內部的一個部門，整體而言還是公司內的一部分。因此，任何行動都必須以公司整體利益為前提。所以高層的方針和事業部的想法會有衝突，事業部之間也經常為了爭取多一點預算而在背地裡爭奪公司的主導權。這種時候，通常會由公司的社長主導董事會協調。

然而，亞馬遜的體制似乎完全獨立。每個事業部的負責人應該都沒有考量亞馬遜整體的狀況。譬如 AWS 的負責人就曾說過 AWS 是和網購毫無關聯的事業，還表示營業收入在不久的將來就會超越網購。這席話讓人感受不到對其他事業或公司整體的顧慮。顯示他只關注自己負責的事業。

除此之外，值得一提的是貝佐斯也沒有打算控管各個事業。這是亞馬遜能輕易橫向拓展新事業的原因，或許也是讓人搞不清楚亞馬遜是什麼企業的最大理由。

高層不出手干預，把裁量權交給現場工作人員，事業部不需仰賴總公司的判斷，可以盡快做決定。這應該就是亞馬遜急速成長的原因之一。另外，總公司不控管事業部，管理成本就會降低。話雖如此，這些僅是結果論，沒有人知道貝佐斯參與到什麼程度才打造出這樣的體制。有可能是回過神來才發現已經演變成這樣也說不定。

chapter

# #01

# 實現「品項量多而且物美價廉」的架構

# 如何實現壓倒性的商品數量與低廉價格？

網際網路誕生之後，人們可以輕鬆「透過網路購物」。在同一個網站中，消費者能夠在同一個畫面裡挑選食品、服飾、書籍等各種商品，並且以簡單的支付方式購物。亞馬遜把這些流程提升到極致。「讓顧客透過亞馬遜一個網站就能買到所有商品、接受各種服務。」自創業之初，傑佛瑞．貝佐斯就一直透過媒體重複強調亞馬遜是這樣的企業。

首先，我想在第一章帶領讀者一窺亞馬遜的起點，也就是至今仍占半數銷售額的「零售業」。亞馬遜的企業理念是成為「地球上最重視顧客的企業」。**品項量多而且物美價廉。雖然很單純，但這也是亞馬遜之所以強大的原因。**在此，我想為大家介紹讓亞馬遜做到這一點的零售組織架構。

亞馬遜以「地球上商品種類最豐富」為口號，這個目標自傑佛瑞．貝佐斯於西雅圖創業，在線上販售書籍開始就從未改變。從販售書籍出發並不是因為有什麼堅持，而是因為書籍無論交給誰賣都不會有品質落差，而且包裝和寄送也不難。然而，亞馬遜現在從DVD、遊戲機、鞋子、服飾到洗衣精等日用品、辦公用品、工具皆有販售。誠如前述提到的，現在就連過去認為很難在網路上（EC）拓展，長期以來一直是空白地帶的生鮮食品，亞馬遜都開始販售。

「地球上商品種類最豐富」到底有多少商品呢？

亞馬遜雖然在世界各國拓展，但最大的市場當然還是自己眼皮底下的美國。根據美國的市場調查公司提供的數據指出，二〇一六年五月時，亞馬遜在美國經手的商品數量達一千二百二十萬種。

有一種單位叫做SKU（存貨單位，Stock Keeping Unit）。所謂的SKU就算是同一項商品，只要顏色或尺寸不同，也會另外計算。日本大型食品超市SKU達一萬五千個。雖然亞馬遜的SKU數值不明，但就算一併考量SKU的差異，他的商品項仍是令人不可置信的數量。

在日本的亞馬遜網站上，也能購得大多數的生活和工作必需品。

亞馬遜甚至販售一般不會在網路上購買的商品，比方說——汽車。不是汽車用品，而是販售汽車本身。除此之外，在亞馬遜不只能買新車，連二手車也買得到。而且，二手車的耗材零件還會全部都幫你換新。配送方面如同一般在亞馬遜上購物一樣，可以送到全日本。還可以退貨。就連汽車，亞馬遜也能降低消費者在網路上購買的心理障礙。

另外，亞馬遜還曾販售價格體系不明確的商品。譬如派遣僧侶念經作法的「和尚宅急便」也曾蔚為話題。

SKU（Stock Keeping Unit）商品的計算方式

就算是相同的T恤……

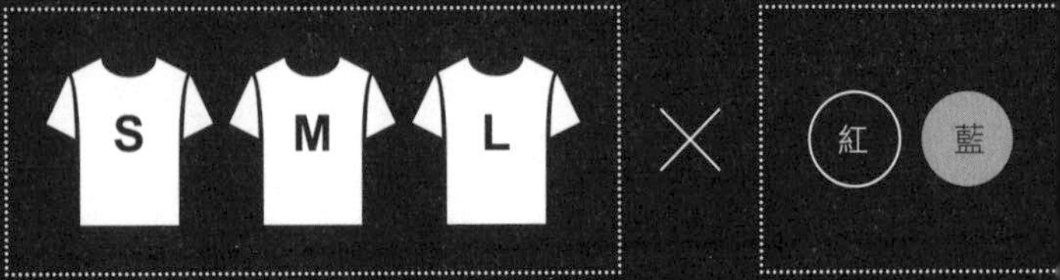


也會算成 **6** 個 **SKU**

SKU（Stock Keeping Unit）

一直到1980年代為止，基本上都以商品數量管理庫存，
但改由「SKU」管理之後，銷售額就大幅增長。

（這是可自行決定的管理用單位，因此每個企業之間會有

## 銷售各種商品的「商城」架構

這樣大量的商品種類，其實要歸功於「商城」制度。商城是一項讓亞馬遜以外的業者也能上架商品的服務。簡單來說就像樂天市場一樣，但差別在於畫面上可以全部都用同一個格式購買亞馬遜自家的商品和其他業者的商品。對消費者而言，購物時不需要注意是亞馬遜還是其他業者販售的商品。商城裡的商品品項比亞馬遜直接販售的商品高出三十倍以上，約達三億五千種。

除了書籍、動畫、紅酒、服務之外，不包含商品本身的款式變化，粗估就超過三億五千種。這是二〇一六年五月的試算結果，現在應該又增加了。「地球上商品種類最豐富」的招牌所言不虛，真的什麼都有、什麼都賣。

順帶一提，若要繼續談亞馬遜和樂天之間的差異，商城統一透過亞馬遜結帳這一點也不一樣。樂天的購物金額是由消費者直接支付給各上架業者，但亞馬遜則是統一管理支付流程。對消費者來說，優點就是不必把信用卡卡號透露給未曾謀面的人。

對亞馬遜來說，優點就是可以獲得消費者的所有購物資訊。亞馬遜能藉此擁有消費者整個家庭的資訊。如此一來，假設消費者的妻子即將要過生日，就能優先推薦女用手錶等產品。

總之，商城中令人難以置信的大量商品種類，讓過去飽受亞馬遜威脅的零售業者從「如何與亞馬遜對抗」的戰略轉變成「如何利用亞馬遜」。不過，像是沃爾瑪和 7&I 控股等少數超大型業者則是例外。

從全球亞馬遜網站的買賣明細中可以看出，由商城業者出貨的數量已經超過整體的五成（二〇一七年一到三月）。也就是說，其他業者的商品處理量比亞馬遜自己直售的商品還多。

越多業者在商城上架，亞馬遜商品的品項就會越多，這是理所當然的事。寫到這裡，應該有很多讀者會疑惑，為什麼外部業者會群起使用商城？雖然亞馬遜可以觸及很多消費者，但上架業者之間的競爭也很激烈。既然如此，樂天市場購物網應該也是不錯的選擇才對。究竟是什麼機制，促使業者使用亞馬遜呢？

# 「FBA」才是令人想使用商城服務的關鍵

亞馬遜當然準備了吸引外部業者自然而然想使用商城這個「場域」的服務。亞馬遜有許多吸引人之處，其中最重要的就是亞馬遜物流（Fulfillment By Amazon），簡稱FBA。這是商城中的一個部門，商城本身只提供線上商場，**但使用FBA等於任何一個企業都能使用亞馬遜的基礎設施。**

從商品保管到訂單處理、出貨、結帳、配送、退貨處理，都由亞馬遜代為處理。使用FBA這項服務機制，只要把商品交給亞馬遜的倉庫，就算業者沒有店面也沒有自家公司的電商網站，後續亞馬遜也會幫忙賣出自家商品。

對人手有限的個人商店或中小企業來說，這種機制大有益處。使用亞馬遜的配送和客戶服務功能，就有機會和全球數百萬的顧客接上線。FBA的倉庫全年營運。就算是假日也能當天配送，所以能夠回應顧客「馬上就想要商品」的需求，防止機會損失的情形。

另外，費用也很平易近人。首先，這項服務沒有固定的月費。只按照商品面積和日數收取相應的庫存保管費以及根據商品金額與重量計算代為配送的手續費。不需要另行負擔其他費用，對中小企業而言具有莫大魅力。

使用 FBA 的企業可以在自己的網頁上顯示「prime 標誌」。prime 標誌是可以免費當日或翌日送達的標誌，有 prime 標誌的商品較容易受消費者青睞。

很多企業因為 FBA 得到好處。據說約八成使用 FBA 的店家，營業收入都因此獲得成長。

（出自於《物流致勝》商業周刊出版）

商城和 FBA 誕生的背景，來自二手書的「淘寶」舊俗。所謂的「淘寶」就是擁有判斷二手書價值的人，在舊書店裡找到便宜的珍本，再高價轉手賣出。亞馬遜過去以販售書籍的業務為主時，就是從在線上提供賣場給這種個人賣家開始。

之後，亞馬遜也開始提供倉庫的閒置空間，甚至代為寄送商品。接著，亞馬遜將觸角延伸到書籍以外的領域之後，這項服務不只二手書能用，還拓展到家電、飲料、雜貨等各種商品。亞馬遜不只有二手貨，也有新商品。就這樣，從個人到企業都一一加入商城體系。

FBA 可以說是自然而然產生的服務。然而，令人驚訝的是它壓倒性的速度。只要顧客有需求，就表示有購物商機、服務商機、企業商機，亞馬遜敏銳地掌握需求，並且以光速實踐。**不錯過任何微小的需求，以壓倒性的速度讓服務成形，這就是亞馬遜。**或許對亞馬遜而言，地球上的所有生物都是客戶。

亞馬遜在每個進軍的國家都導入 FBA 服務。超過一百個國家的上架業者都能使用這項服務，讓商品能夠跨越國界，配送到一百八十多個國家的顧客手上。全世界使用 **FBA** 服務配送的商品，每年超過十億個品項。

我想各位讀到這裡應該已經了解，亞馬遜擁有自然而然就能做到「地球上商品種類最豐富」的架構。

## 亞馬遜獨有的「物流」服務，對業者而言也充滿吸引力

免費當日或翌日送達的「prime 標誌」會大幅影響消費者的購買意願，只要使用 FBA 的服務就能在網頁上顯示該標誌。不過，單純只使用「商城」平台的業者，也能顯示該標誌。這就是二〇一六年十月在日本啟動的「商城 prime」服務。

使用「prime 標誌」必須符合高難度的條件。如過去三十天在期限內的配送率達九十六%以上，可追蹤率達九十四%以上，出貨前的取消率低於一%等。只有達到亞馬遜要求的業者才能選擇是否在商品頁面顯示「prime 標誌」。而且，不需額外收手續費。只要滿足亞馬遜提出的條件，就能免費使用這項服務。而「商城 prime」服務的優點，在於亞馬遜的客服中心會替上架業者處理客戶的需求。

對亞馬遜來說，越多商家能用「prime 標誌」，訂單就會越多，可以提升商品整體的流通量。美、英、俄、法、日等五國，截至二〇一七年五月已經有六百萬種商品使用這項服務。這要歸功於亞馬遜沒有錯過使用者對 prime 標誌的需求，進而推出縝密服務。

## 對中小企業而言，FBA 也是拓展海外市場的幫手

假設某企業想要出口某個新商品。出口商品有諸多限制。首先，有很多申請流程，還有課稅問題。這些都會耗費時間、人手和金錢。對中小企業和微型企業來說，處理出口流程非常辛苦。

然而，這些只要使用 FBA 就能解決。只要採用出口國家的 FBA 即可。每個國家都有能夠出口和限制出口的商品，只要將能出口的商品交給亞馬遜，亞馬遜就能代為處理出口程序。很多企業把這項服務當作是進軍海外的跳板。

尤其是歐洲地區，自二〇一六年開始「泛歐洲 FBA」的服務。配送區域擴展到整個歐洲，上架業者更容易將商品送到歐洲境內的顧客手中。**使用這項服務，讓中小企業與微型企業都能跨越國境，輕鬆啟動出口貿易。**而歐洲境內的顧客也能以更快捷的速度、更低廉的運費，從國外購得業者提供的商品。

上架業者要做的事情和國內一樣。只要把商品上架到亞馬遜，再把商品送到亞馬遜當地

的倉庫即可。後續亞馬遜就會從各地區的購物資料庫中預測該商品的需求，將商品自動分配到歐洲七國的二十九個倉庫。顧客下訂單之後，離客戶最近的倉庫就會馬上出貨。

不久的將來，亞洲和中東等地應該也能發展出一樣的服務。**正因為亞馬遜有高度IT技術，才能做到跨越國境的電子商務。**從跨越國際據點的庫存管理，到物流業者、金融機構之間的系統連結，還有自動倉儲與龐大的人事管理等，一切都要靠IT技術實踐。這一點與亞馬遜傲視群雄的強項環環相扣。

## 在樂天販售的商品也能從亞馬遜出貨的架構

亞馬遜還有一項不太為人所知的服務——連不是透過亞馬遜平台接單的顧客也能使用FBA。這就是二〇〇九年啟動的「多元物流（Multichannel）」。

**這個機制能讓業者在亞馬遜以外的平台銷售商品，但出貨仍由亞馬遜代為處理。**就算是亞馬遜的競爭對手樂天市場和雅虎購物，也可以從亞馬遜的倉庫出貨。商品在不同網站上販售也無所謂，業者一樣只要把商品送到亞馬遜的倉庫即可。只要把商品送到倉庫，無論商品在多少個網站上架，都可以由單一源頭出貨。

這個作法雖然不起眼，卻是革命性的架構。經營多個網路購物平台的業者，需要出貨給包含自家網站等多個平台。一般而言，管理庫存和寄送商品都很麻煩，但只要使用「多元物流」，企業就可以從麻煩的程序中解脫。

個人商店和中小企業雖然擁有很強的產品能力，但很多業者在銷售端和物流網方面的能力偏弱。然而，業者只要使用FBA，就可以一次解決這兩個問題。而且，還能驅使亞馬遜這個巨大的物流功能將商品送到顧客手中。如此以來，業者推動新事業時也會事半功倍。

譬如說，業者可以自己企劃商品，將設計和製造交給中國企業，最後靠亞馬遜流通。只要一個人就可能創造出數百億日圓規模的事業。**亞馬遜提供對業者來說過度便利的服務，這也是很多業者使用 FBA 的原因。**

亞馬遜開放超便捷的物流系統後，比商店街型的電商網站樂天和雅虎加倍吸引人，也成為亞馬遜和其他平台決定性的差異。

## 由於頁面自帶廣告，只要在亞馬遜上架就等於賣場建構完畢

讓人想使用商城的機制，不只有 FBA 而已。廣告也很吸引人。

亞馬遜的上架業者，可以在亞馬遜內推出商品廣告。這是一種名為「贊助商品（Sponsored Products）」的點擊收費型廣告。廣告會和亞馬遜顧客搜尋的關鍵字連動，出現在畫面的下方。

點擊的單價自二日圓起跳。雅虎是十日圓，而樂天市場則是五十日圓，相較之下費用非常低廉。另外，廣告觸及亞馬遜用戶的比例高，畫面統一很容易就會進入消費者的視線，較容易達到廣告效果。

結合 FBA 一起使用，從商品宣傳到出貨，亞馬遜都能一手包辦。對人手少的企業來說，只要有亞馬遜，就等於擁有店鋪和物流系統了。

## 因為有龐大的銷售數據，才能降低價格

談到這裡，我想各位應該都充分了解亞馬遜的商品數量龐大，就是因為商城這個機制。對上架業者而言，沒有比亞馬遜商城更方便的平台了。然而，商城是否真的對業者來說百利而無一害？很遺憾，那是不可能的事。而且，商城也是亞馬遜可以「比其他人更便宜」的原因。

亞馬遜的商品很便宜，非常便宜。試著在比價網上搜尋某商品就會知道，亞馬遜都名列前茅。譬如搜尋日清杯裝海鮮拉麵二十個，最低價格為二千九百零四日圓，含運費還比第二低價的商店便宜二〇%（二〇一八年五月十日資料）。成功實現和超市拍賣價格相比仍屬低價的低廉金額。

亞馬遜原本光是平台直售的商品就已經種類豐富，所以能毫不猶豫地降價。之後，加上從商城獲得上架業者的資料更是如虎添翼。

假設某企業使用商城，販售亞馬遜自己沒有經手的商品，而且該商品還熱賣。

當然，負責管理付款流程的亞馬遜已經洞悉整個銷售履歷，故判斷這是暢銷商品。接

著，亞馬遜應該也會進貨該商品，在自家直售平台上販售。如此一來，亞馬遜就能以最低的價格提供商品。除此之外，系統會自行判斷熱銷商品，故亞馬遜的採購負責人幾乎是自動進貨即可。

如此一來，中小企業設定價格時就不能再考量合不合成本。而且，此時就算為了確保利潤撤出亞馬遜，業績也會一落千丈。

可能會有人認為「像亞馬遜這樣的大企業應該不會做到這個地步吧？」然而，事實上亞馬遜在美國就曾經用這樣徹底的降價攻勢，最後摧毀競爭對手。

商城雖然很方便，但很有可能一回過神來才發現所有資訊都已經洩漏給亞馬遜，甚至陷入不得動彈的危險之中。實際上，的確有企業因為不想讓亞馬遜知道自家的暢銷商品，而對商城敬而遠之。

# 一開始就加入新創元素，之後利益更大

進入二十一世紀之後，許多新商品和新服務都來自新創企業。以商品面來說，有寡占無人機市場的DJI、穿戴攝影機GoPro等代表性的例子。亞馬遜本身也可以說是提供新服務的新創企業。

這些商品的概念太過新穎，所以甫上市時沒有好好說明就賣不出去。亞馬遜甚至有針對這些新創商品提供建議的服務。**因為亞馬遜知道，越早掌握新創商品，就能盡快賣出商品並且防止長期性的機會損失，同時還可以開創出一片廣大的市場。**

這項支援新創企業的制度，稱為「亞馬遜新創專區（Amazon Launchpad）」，二〇一七年一月在日本正式上線。亞馬遜設立集結新創商品的專用網頁「亞馬遜新創商店」，以新創商品為主軸，支援亞馬遜平台內的商品販售。

在專用網頁中，可使用照片或動畫，說明產品的特色。不只說明商品，還能描述商品開發的背景和想法，這是有別於亞馬遜一般商品販售網頁的特別待遇。

話雖如此，這項機制最大的特色就是能獲得亞馬遜全面性的協助。亞馬遜會派負責人，協助商品上架或製作商品頁面，建議業者如何有效使用亞馬遜代為處理廣告與物流、籌措資金等所有服務。甚至可以說業者在亞馬遜上架商品，就能接受全面性協助以提升銷售額。

順帶一提，手續費比一般費率多五%。有亞馬遜親自協助銷售，即便是多五%仍算是便宜。

# 其他企業絕對無法勝出的原因，在於服務中特殊優惠的「超級娛樂性」

了解亞馬遜壓倒性的商品數量與低價的原因之後，接著來看看亞馬遜服務顧客的能力。亞馬遜的宗旨就是成為「地球上最重視顧客的企業」。亞馬遜的「顧客服務」非常厲害。在網路下訂單，即可當日或翌日送達，就連受歡迎的音樂、偶像劇、國民運動賽事都能免費並即時提供。還可以使用保存照片的雲端服務。迅速提供最新服務，讓會員不知不覺增加每天使用亞馬遜的時間。

其結果使得亞馬遜在生活中的比重大增，一旦成為會員就再也不想離開。**而且，對顧客而言，絕對不會因為亞馬遜提供的服務而蒙受損失。亞馬遜提供的「顧客服務」簡直到了過剩的地步。**

根據美國調查公司的資料顯示，亞馬遜有六成的用戶是prime會員。另外，誠如前述提到的，非會員每年在亞馬遜上的平均消費額為七百美元，而會員則達到一千三百美元，幾乎是非會員的兩倍。這個數值完全可以說明付費服務多麼讓亞馬遜用戶著迷。

實際上，美國亞馬遜的年費原本是七十九美元，後來在二〇一四年時漲到九十九美元。

然而，那一年的會員數沒有受到漲價影響，仍然增加了五成。順帶一提，今年（二〇一八年）的四月年費從九十九美元漲到一百一十九美元。

我想介紹一個很有趣的案例。亞馬遜的競爭對手沃爾瑪，為了抵抗亞馬遜商城，也曾經提供和商城一樣的服務。也就是——免費翌日配送、免費退貨的會員制服務。然而，不到一年就面臨不得不撤退的窘境。儘管沃爾瑪的年費是四十九美元，比九十九美元的亞馬遜商城便宜五十美元仍然落得這樣的下場。沃爾瑪之所以失敗，我想是因為沒有看透亞馬遜商城的價值不只限於配送迅速。畢竟，有很多付費用戶都不是因為受免費當日配送吸引才加入會員。

## 用付費訂閱的服務力量，抓住沃爾瑪的顧客

相對地，亞馬遜也自二〇一七年開始拉攏沃爾瑪的顧客。目標客層是低所得消費者。具體來說，就是「食物券計畫」的受惠者。

在日本「食物券計畫」聽來很陌生，這是美國政府分發的食物配給券。日本是以現金支付生活輔助費，而美國則是分發兌換券（等於食物券）。民眾可以用券兌換食品，但不能兌換酒精飲料和香菸。

雖然是兌換券，但食物券採電子支付的電子卡形式，每人每月有一百二十五美元的額度可供使用。

二〇一六年食物券計畫的受惠者占美國國民的一成多，約有四千四百二十萬人。而這些食物券的受惠者，大多頻繁在沃爾瑪購物。有一起事件可以說明，為什麼受惠者都到沃爾瑪購物。

二〇一三年曾發生全美十七州食物券系統當機的意外，導致電子卡無法使用。其中，州政府公布緊急措施，表示在沃爾瑪的兩家店舖「持有食物券的顧客免付款」，聽到消息的受

惠者聚集到該店鋪，拿走貨架上所有商品，最後甚至出動警方控制場面。雖然沒有人被逮捕，但從「有人搬走八輛、十輛購物車的商品」、「帶走價值七萬日圓的商品」等狀況就能知道，這些食物券受惠者有多「愛」沃爾瑪。

而亞馬遜為了抓住這個客層，嘗試開放以食物券支付網購中的食品費用。而且用網購的方式，萬一系統發生問題，商品也不會被帶走。

另外，亞馬遜針對低收入戶降低訂閱會費，月費約為半價五・九九美元。付費服務的月費約為十三美元，一般認為若沒有超過一定的所得應該很難成為會員，但這個方案每個月只要付不到六美元，就能盡情享受影片和音樂，用戶圈可能會因此變得更廣。因為亞馬遜認為「就算是低收入戶，也是寶貴的顧客」。

沃爾瑪可能有一天也會被列入之前提到的「因為亞馬遜而死亡的死者名單」之中。

## 專利技術可「預測並寄出」顧客想要的商品

二〇一三年十二月取得的專利，也彰顯了亞馬遜的服務能力。這是一種叫做「預測出貨」的技術。這項技術竟然能在顧客點選「購買」之前就把商品寄出。

預測出貨的服務如字面所示，能把顧客下次可能購買的商品事先裝箱，送到顧客附近的配送中心貨卡車中保管，待顧客實際按下購買鍵就能馬上出貨。

這項技術透過顧客截至目前為止的購物模式和商品檢索履歷、購物車中的內容、退貨實績、游標在特定物品上停留的時間，判斷下次要配送的商品。其實預測顧客想要的商品並不難。過去零售業界就頻繁研究這個課題，**在資料庫累積的現代，已經能以高準確度預測某顧客在數小時內會下訂單的商品。**

然而，亞馬遜厲害的地方在於把這項技術用在預測各種商品、顧客上，而且還擁有實際出貨的能力。這是因為亞馬遜手握龐大的資料庫和物流網才能做到。亞馬遜的確一步步實踐「在消費者想要商品的瞬間，就能馬上取得」的目標。

# 亞馬遜與樂天的商業模式差異

我想試著梳理亞馬遜的零售商業模式。比較業態相似的企業會比較淺顯易懂，故在此以樂天為對照組。

對讀者而言，或許樂天已經不像過去那麼有氣勢，反而是亞馬遜的勢力不斷增長。說這是商業模式不同而造成的差異也不為過。

樂天成立於一九九七年，幾乎和亞馬遜同時期。在人們還不會在網路上購物的時代，就已經開設網路購物中心「樂天市場」並且於二〇〇〇年上市上櫃。整個集團的員工人數為一萬五千七百一十九人（二〇一八年三月資料）。

跨足各種事業這一點也和亞馬遜相似。現在經營提供網路訂房服務的「樂天旅遊」以及「樂天銀行」、「樂天證券」等金融事業，提供超過七十種的服務。二〇一八年四月決定正式進軍行動電信業。預計二〇一九年十月開始提供服務，將會成為繼 NTT docomo、KDDI、Softbank 之後第四大電信業者。

目前，樂天的營業收入為七千八百一十九億日圓。雖然還不及日本亞馬遜的營業收入，但以網路購物為起點拓展事業這一點，和亞馬遜的拓展模式可以說非常相像。

最近，樂天與西班牙足球豪門巴塞隆納簽訂體壇史上最高額的贊助契約，總金額高達二億二千萬歐元。順帶一提，亞馬遜以及中國最大規模網購企業「阿里巴巴」也曾爭取這紙契約，最後由樂天勝出。最近，因為網路普及使得歐洲足球的支持群眾拓展到亞洲等新興國家，要在世界打響名號，這應該是最好的方式。

樂天和亞馬遜都是以電商企業起家，兩者競爭激烈，經常被歸為同一類，但這兩家企業的商業模式其實完全不同。

「樂天市場」建構在網際網路上，如名稱所示是個「市場」。樂天市場是一個虛擬商店街，藉由租借網路上的商店，也就是空間，從上架業者身上賺取租金。也就是說，**樂天主要收入來自上架業者的手續費，而樂天的顧客正是企業。**樂天的收益約為三千億日圓，上架企業的數量約有四萬五千家，截至二〇一七年六月為止，約營業收入超過一億日圓的總共有一百五十九家店。

另一方面，亞馬遜的主業是販售自己進貨的商品。雖然有其他業者可上架的「商城」，但亞馬遜基本上都有自己的庫存，也管理貨物流通。而且，FBA 這項服務，讓亞馬遜的倉庫中也有其他業者的庫存。**亞馬遜的顧客，就是直接在亞馬遜購物的消費者。**

我再重申一次，樂天的收入來自「租借場地」。只是開放場地，徵收以「手續費」為名的「地租」而已。商品的包裝和寄送，當然都由上架業者自行處理。

樂天的商業模式就是「因為只出租場地，所以不需要擁有自己的物流網，也不需要額外耗費時間和金錢，就能輕鬆增加上架業者」。不必保管庫存，風險也比較小。對上架業者來說，越多業者在樂天上架，來客數就越多。對樂天而言，就會產生商品品項豐富的良性循環。

如此一來，各位應該就能明白，創業初期樂天比亞馬遜更能急速拓展事業的原因了。

相較之下，亞馬遜只是販售自家進貨的商品，所以需要物流倉儲，也需要累積倉庫的庫存管理、接訂單後的寄送準備等專業知識。當然，建構物流網和累積專業知識並非一朝一夕，所以需要花時間。當然，也需要承擔龐大的設備投資。

然而，物流系統一旦完成，亞馬遜就可以自己包辦一切。接下來只要經手的商品量增加，就容易發揮正面效益。

譬如商品進貨。亞馬遜大量採購可產生規模經濟效益，以低價進貨。如此一來，亞馬遜的定價就可以達到其他業者無法企及的低廉價格。

相對地，樂天自己不處理進貨事宜，由上架業者各自進貨，就算進貨的品項多，也無法壓低價格。以整體結構來說，很難提供消費者價格低廉的商品。

## 亞馬遜的商業模式

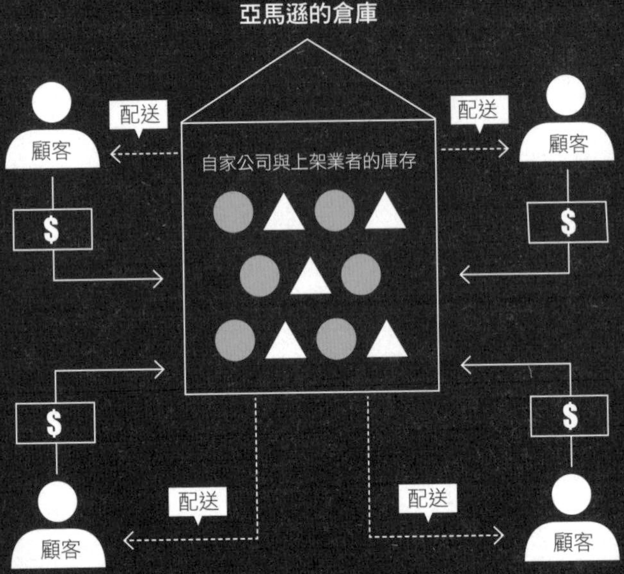


# 擁有物流網與倉庫

⇓

**優點**

- 能大量進貨，壓低價格
- 能和其他商品一起配送

**缺點**

- 必須管理倉庫和庫存，將耗費固定成本
- 初期建構物流網等系統實需耗費時間和金錢

**物流勝出**

## 樂天的商業模式

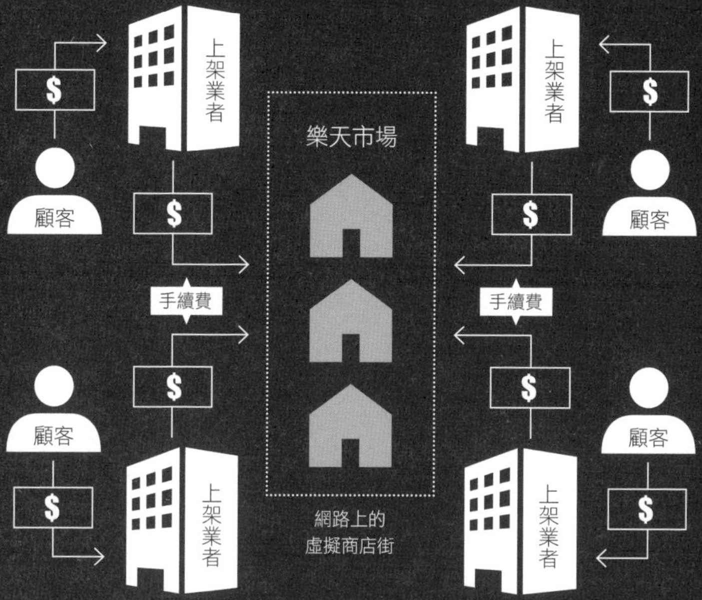


## 沒有物流網與倉庫

⇓

**優點**

- 能輕鬆增加上架業者
- 手上沒有庫存，所以風險較小

**缺點**

- 即便訂單量多，也無法壓低價格
- 商品種類不同就無法一起配送

另一方面，亞馬遜則必須建構巨大的倉庫與支援倉庫的物流系統。投注於建設物流系統的費用為固定成本。因此，亞馬遜勢必要把提升營業收入到極致當作目標。各位應該了解這個物流系統就是亞馬遜區隔其他業者的戰略性競爭工具。除此之外，亞馬遜的強項就是籌措固定成本，這一點將在第二章說明。

## 擴大事業時，必須擁有倉庫與庫存

亞馬遜擁有倉庫和庫存，就是在體現亞馬遜成為「地球上最重視客戶的企業」這項目標。除了可以降低商品價格，譬如書籍、洗衣精、鞋子等完全不同種類的商品也能同時出貨。在樂天購買的話，因為商品來自不同商店，所以會分開配送，運費也就跟著提高。由於商品的保管和包裝方式都交由上架業者自行處理，與亞馬遜的物流品質一比較，難免相形見絀。

二〇一七年樂天處裡的商品流通總額月為三・四兆日圓，和前一年相比雖然增加十四%，但這個數字是包含樂天旅遊在內整個集團的總額。其實，以前都會公布樂天市場的流通金額，但自二〇一六年之後就不再公布了。過去曾公布的資訊，現在不再公布，很有可能是因為「經營狀況不佳」。

二〇一七年十二月底樂天市場的上架店鋪數量約為四萬五千家店，近幾年幾乎是持平的狀態。顧客消費單價也面臨成長停滯。自一九九〇年代尾聲開始急速成長的樂天，也受到亞馬遜豐富的商品種類威脅，越來越難用價格與之抗衡。「樂天市場」正在面臨轉捩點。

當然，樂天也了解自己在物流方面的弱點，為了對抗亞馬遜而採取相應的措施。二〇一〇年成立了樂天物流這個專門處理物流的子公司。原本計畫全日本設立八個物流中心，統一配送上架業者的商品，但相關公司解散，使得該計畫受挫。

無法順利推動計畫的原因，來自樂天想一鼓作氣拓展物流據點，造成計畫成本高漲。另外，光是建立物流中心，也很難短時間內發揮功能。理貨等倉庫管理和正確的包裝、發送都需要專業知識，支撐整個物流的資訊系統，需要莫大的投資。

樂天營運中的物流據點僅有三處，兩處在千葉縣市川市、一處在兵庫縣川西市，樓地板面積總計超過十五萬平方公尺。

另一方面，亞馬遜擁有堅實的物流據點，目前在日本擁有十五個倉庫（二〇一八年六月）。預估今後也會按照需求增設據點。雖然部分倉庫沒有公開，無法得知地板面積，但光是二〇一三年九月開始營運的小田原物流中心，樓地板面積就超過二十萬平方公尺。單一個小田原物流中心就已經輕鬆凌駕樂天所有物流中心的面積。

針對配送方面，樂天在美國也投資透過智慧型手機提供共乘服務的企業，開始推出最快二十分鐘內送達的即時配送服務「樂宅配」，欲藉此提高物流水準。然而，這項戰略或許可以在部分區域取勝，但亞馬遜自進軍日本以來便長年投資物流，實際上樂天很難翻轉亞馬遜的策略性物流運輸。

自一九九〇年代末期便一直引領日本電商業界的亞馬遜和樂天，兩者之間截然不同的發展方向，想必今後會更鮮明地表現在業績上。

## 「物流」本身就是一種服務

其實，樂天難以建構物流系統的原因也在於商業模式的不同。樂天靠「出租場地」的手續費賺錢，直接接觸的客戶只有上架業者，並非一般消費者。

終端消費者當然很重要，必須把這些消費者招攬進「樂天市場」，所以樂天經常實施點數回饋等政策。然而，樂天的營業收入仍然來自上架業者。**物流是針對一般消費者而推出的服務，因此無論如何都不會是優先處理的課題。**

另一方面，亞馬遜的直接顧客就是在電商網站上購買商品的消費者。亞馬遜把物流定位為服務顧客的基礎。

在美國，亞馬遜擁有數千輛物流專用的大型貨櫃車，還長期租賃飛機。我想各位應該明白，貝佐斯為什麼說「亞馬遜是策略性物流運輸企業」了。為了回應顧客的需求而建構必要的基礎設施，對亞馬遜來說就是一腳踢開其他業者的武器。

如同對電商業者而言，充實伺服器配備不可或缺，擴充物流也一樣重要。以誰為顧客的觀點差異，使得兩者分出明暗。

順帶一提，二〇一七年亞馬遜在日本的事業規模以營業收入來看，比前期增加十四・四%，換算成日幣大約是一兆又三千三百三十五億日圓。這樣的營業收入規模足以媲美營運零售業排行第五名的三越伊勢丹以及營運大丸百貨、松阪屋位居第六名的 J. Front Retailing 控股公司。

除此之外，日本零售業冠軍永旺集團營業收入為八兆三千九百億日圓，第二名 7&I 控股為六兆三百七十八億日圓，第三名則是拓展 UNIQLO 的 FAST RETAILING 控股公司，營業收入為一兆八千六百一十九億日圓（以上皆為目前最新數值）。UNIQLO 儼然已經進入亞馬遜的射程範圍之中了。

談到這裡，必須先了解對物流造成莫大壓力的再次配送問題。

每年宅配的數量中，據說有將近兩成的貨物需要再次配送。以數量計算的話，高達七・四億個。光是再次配送，每年就耗費九萬人，換算成時間則是一・八億個工時，成本將近二千六百億日圓。再次配送是網購企業今後必須解決的重大課題。

伴隨網購擴展的宅配物品，增加速度超乎想像，大型物流企業也難以維持服務品質，甚至有報導指出亞馬遜因此吞下漲幅超過四成的運費。當然，成本也隨之增加。

亞馬遜的主要配送業者為大和運輸和日本郵便，但目前也採用本來經手企業物流的「配送供應商」並在東京都內開始建構自家專用的物流網。詳情筆者會在之後的章節描述，不過亞馬遜就這樣開始建構自己的配送網，也針對都市區的再次配送問題採取策略。如前所述，樂天也打算建構自己的配送網絡。預計將物流據點從目前的三個擴展到十個。**然而，對樂天而言，「物流」並不是為自己既有的顧客而提供的服務。**想要短時間內打造物流網，想必會是非常困難而艱苦的戰役。

## 亞馬遜在日本的事業規模

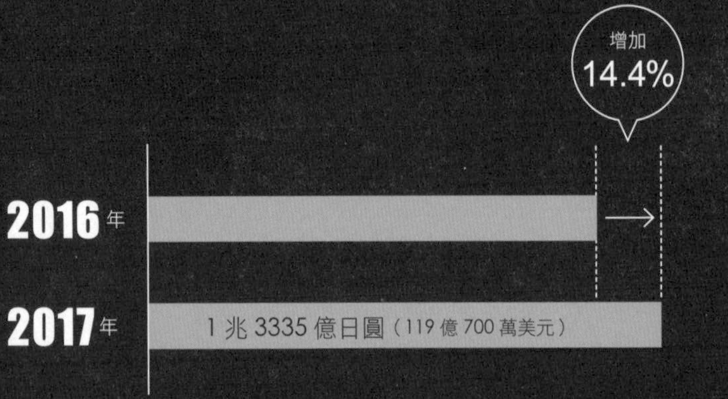


## 日本的零售業排行榜

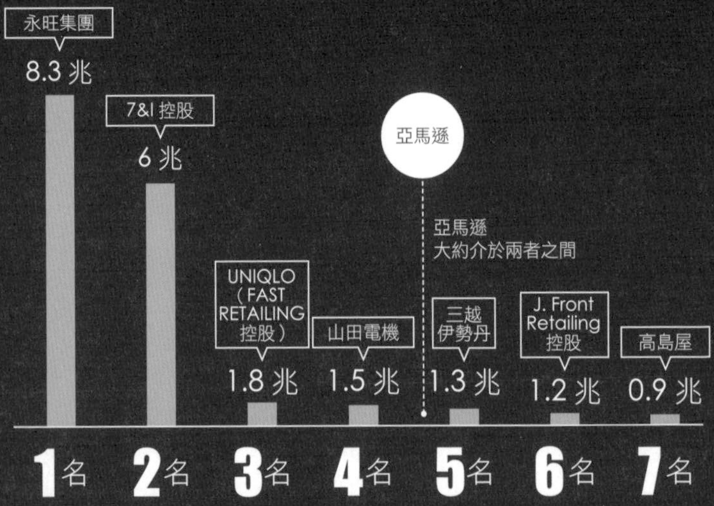

## 「低涉入產品」市場今後將日益擴大——亞馬遜的一鍵購物鈕

將「為客戶著想」當作第一要務的亞馬遜推出一鍵購物鈕時，各位讀者覺得如何？這是一個在白色盒子上附有按鈕的小型電子裝置。當家中的洗衣精、衛生紙等生活用品用完時，只要按下這個按鈕，亞馬遜按鈕上顯示的商品就會直接送貨到府。

當然，連打開亞馬遜畫面的步驟都可以跳過，按下按鈕就能直接下單平常定期購買的商品真的很方便。然而，各位不覺得有種不倫不類的感覺嗎？

**其實這種做法和掌握「低涉入產品」市場大有關係。**

所謂的「低涉入產品」指的是洗衣精、衛生紙、紙尿布、茶水等「日常會購買，但不會太認真思考的商品」。假設平常經常購買「伊藤園綠茶」，但剛好眼前的自動販賣機沒賣。這種時候消費者不會為了「伊藤園綠茶」而拚命找其他的自動販賣機。

消費者是否購買這種低涉入產品，過去一直被認為是受廣告（尤其是電視廣告）影響。買哪一種其實沒有太大差別，所以在廣告中看過的商品比較容易引起注意。相反地，比較低涉入產品的價格與性能對消費者而言很麻煩，而且沒有什麼意義，所以廣告才會有效。因

**此，廠商對低涉入產品投入龐大的廣告費用，在加工食品和日用品業界是常識。**順帶一提，據說要改變消費者的品牌喜好，必須投入每人數萬日圓的廣告費。

然而，亞馬遜的一鍵購物鈕，企圖推翻這種低涉入產品的常規。

根據美國調查公司的數據顯示，經常使用亞馬遜的顧客中，約有五分之一的人會重複購買同樣的商品。亞馬遜從以前就很注重回頭客，在開發出一鍵購物鈕之前就有「定期優惠宅配」的服務。這項服務只要事前設定經常購買的商品，亞馬遜就會以優惠的價格定期送貨到府。

低涉入產品的勝利模式過去一直都是電視媒體等廣告，但最近消費者已經很少看電視，越來越多人不再受到電視廣告影響。這種情形在美國尤其顯著，電視上的日用品和耗材廣告也逐漸減少。亞馬遜正是抓準這一點。

消費者不再受廣告影響或者因為日用品數量太多而疲於比價，所以傾向在「應該是最低價」的亞馬遜採購也很自然。這種時候眼前出現亞馬遜的一鍵購物鈕就非常方便。**一鍵購物鈕讓消費者不再到店面採購固定購買的低涉入產品，而是改在亞馬遜訂購。**除此之外，這個按鈕也體現亞馬遜「為顧客著想」的初衷。一鍵購物鈕是二〇一五年三月在美國開始的服務，按鈕的品牌數量從原本的十八種到現在已經超過二百種。

行銷專家指出一鍵購物鈕可能大幅改變廠商的廣告費分配模式。

亞馬遜讓消費者購買一鍵購物鈕，能使廠商降低消費者更換品牌的風險，其他廠商也就無機可乘，進而提高持續購買自家商品的可能性。而且，還能大幅節省廣告費用。因此，有人認為發售一鍵購物鈕時，亞馬遜應該有收取佣金。

對廠商來說，最害怕的應該是一鍵購物鈕沒電。這一點對亞馬遜來說也是商機。針對按鈕的壽命有好幾種說法，但只要定期使用，壽命頂多三到五年。為了讓消費者在按鈕壽命到了之後仍繼續選擇自家產品，廠商應該會繼續支付亞馬遜廣告費。

如此一來，數年後廠商之間勢必會針對這些低涉入產品展開爭奪戰。而且還是在亞馬遜這個框架中爭奪。

一鍵購物鈕擁有改變消費者生活模式的可能性。對忙碌的我們而言，「選哪一種都好」的低涉入產品範圍只會越來越廣。因為除了耗材之外，還有很多生活用品其實選什麼都無所謂。現在有很多人除了特別的外出日，服飾會選擇設計普通、價格實惠的UNIQLO，午餐靠便利商店的飯糰或三明治解決也沒問題。亞馬遜就是看準這一點。

這不只是價格的問題而已。譬如過去象徵個人特質的汽車，越來越多人認為那只是一種移動工具。消費者對輕型車和小型家用車已經不再執著。亞馬遜推出「Wagon R」或「FIT」的一鍵購物鈕，或許不再是笑談，而是不久的將來即將實現的服務。

## 智慧家電已經開始包圍進攻

一鍵購物鈕以按鈕的形式讓其他商品無機可乘，牢牢抓住顧客，不過亞馬遜已經開始提供連按鈕都不需要就能訂購商品的服務。那就是——自動重購服務（ADRS，Amazon Dash Replenishment Service）。

大家應該經常聽到「IOT 物聯網」這個詞彙。所謂的物聯網就是一種直接將冰箱、洗衣機、印表機等家電連結到網路的技術。

網路過去都連接在電腦和手機等 IT 機器，然而，IOT 物連網指的是將網路直接連結到除此之外的產品上。

ADRS 的架構能讓具備 IOT 物聯網功能的機械，在耗材變少時自動向亞馬遜下訂單。印表機對應碳粉或墨水，洗衣機則對應洗衣精，不需要下訂單亞馬遜也會自動配送商品。在使用者注意到必須更換耗材前，商品就已經送到家裡，所以消費者甚至不需要思考是否該下訂單了。

或許這聽起來很像超越現代的近未來服務，但美國的兄弟印表機和 GE 奇異洗衣機等產品都已經使用ADRS服務，當耗材殘量減少時就會自動向亞馬遜訂購。

日本也有各種廠商打算和ADRS合作。

很多家電都有使用物聯網的潛力。譬如淨水器。三菱化學的可菱水淨水器開發了以手機通知耗材更換的機械。從流過濾芯的水量就能推測出更換的時間點。另外，白米似乎也已經能做到自動訂購。IRIS OHYAMA正致力於發展物聯網電鍋，這項產品似乎是以煮飯的次數為基礎計算米量。

當然，要換掉消費者現在使用的所有家電產品很花時間，或許在充滿物聯網家電的環境中生活的日子沒那麼快到來，但目標是在數年內可以發售家電本身。

待ADRS正式實用化之後，就會像一鍵購物鈕一樣，不只能應用在耗材上，還能擴及現在被當作滿足個人嗜好的商品。

假設咖啡機和網路連結，就能從咖啡機的使用頻率推算上次訂購的咖啡豆剩下多少，進而自動訂購咖啡豆。

除此之外，今後或許不再停留於單純的訂購，還能像咖啡師一樣選擇自己喜歡的咖啡豆，選完之後就能自動下訂單。這也是足以改變零售業界的技術。亞馬遜有自動推薦商品的功能。從過去的購買、瀏覽履歷中挑選出的「推薦商品」，應該不少讀者都買過。今後AI（人工智慧）會越來越進步，「推薦商品」一定也會越來越精緻化。

亞馬遜正在規畫一個即便消費者不刻意「選擇」也能輕易獲得喜愛商品的世界。

## 難道再也無法戰勝亞馬遜了嗎？

看到這裡想必讀者已經了解亞馬遜壓倒性的服務能力以及洞悉未來的事業戰略。那麼其他業者是否真的再也無法戰勝亞馬遜了呢？事情並非如此。現在仍有企業正在奮鬥。其共通點就是它們都在跟亞馬遜唱反調。

譬如書店。

隨著亞馬遜的成長，書店當然會受到打擊，但也有日本企業逆勢揚眉吐氣。持續成長的企業就是擁有蔦屋連鎖的 Culture Convenience Club 集團（CCC）。

在書店事業萎縮的大環境中，二〇一二年蔦屋連鎖超越紀伊國屋書店，成為營業收入榜首。成長的象徵就是「蔦屋書店」。融合書店與咖啡、家電，創造出舒適的美好空間。雖然是很八股的描述方式，但蔦屋不只販售書籍，而是透過書店空間販售生活風格。

譬如二〇一七年四月二十日在銀座六丁目開業的辦公室兼大型商業設施「GINZA SIX」的店面，以藝術為主題，因此藝術、攝影、建築相關的商品非常豐富。擺放日本刀和武士相關書籍的專區還展示真正的日本刀，而且也能實際購買現場展示的日本刀。

在店內的星巴克可以邊喝咖啡邊閱讀書架上陳列的書籍。同時也販售酒精飲料，在微醺的狀態下看書也沒問題。讓愛書人能夠在這裡度過半天時光的設計，令人不禁認同該店的集客能力，也了解商業設施不斷向蔦屋招手的原因。這種空間、體驗很難在線上發展。

然而，亞馬遜針對書籍販售也打算脫離網路世界的框架。二〇一五年十月在西雅圖近郊開設「Amazon Books」的實體店面。現場陳列的都是線上評價四顆星以上的書籍。所有書籍都不像一般日本書店只展示書背，而是整個封面都面朝顧客。書籍下方一定會放寫有讀者評價的宣傳，也可以用手機讀取 QR Code 瀏覽評價。

最有趣的是亞馬遜徹底應用線上顧客資料，開設「三天就能用 Kindle 讀完」、「下次再買清單中前五名的旅遊書」等專區。這完全是只有亞馬遜才能做到的展示方法。

除此之外，被稱為策展人的工作人員也是一大特徵。這些工作人員會親切地詢問顧客「有什麼想找的書嗎？」、「有沒有什麼問題？」店內也有「店員推薦」專區。

除了活用線上豐富的資料陳列書架，也會採用策展「人」的判斷。現在共有七間店面營運中，根據部分報導指出，亞馬遜預計擴展到二百間店面。這樣的店面一旦進軍日本，必定會成為既有書店的一大威脅。

## 與地區緊密相關

不過，還有配合高齡化，更加貼近地區需求的生存之道。

譬如電器行可以轉型為「城鎮中的便利商店」，藉此與顧客產生緊密連結，如此一來就能吸引消費者到店換新家電或採購日用品。雖然地方的電器行已經被視為大型電器行的一部分，但比起販賣更重視支援顧客，想必能有效與亞馬遜做出區隔。

除了修理家電之外，還可以對應漏水等日常生活中令人困擾的問題。

譬如兼具守護高齡人口的移動販賣或代為購物等以「高齡人口」和「購物難民」為對象的事業也不失為一種良策。

購物難民指的是難以購買食品等日常用品的人，一般定義為距離最近食材店超過五百公尺又沒有汽車駕照的人。

根據經濟產業省二〇一四年的推算，當時全日本的購物難民已達七百萬人。在那之後人數必定持續成長。如果是年輕人，可能會覺得「上亞馬遜訂購就好」，但事實上仍然存在無法使用網購，不在亞馬遜經濟圈內的消費者。

尤其是人口稀少的地區，這種問題更嚴重。雖然有移動販賣業者，但通常都是微型企業所以利潤微薄。這種問題從人口稀少的地區擴展到地方都市，因此生活合作社和部分便利商店開始提供移動販賣的服務。

經營有機蔬菜等食材宅配的 Oisix ra daichi 公司發現這個市場，自二〇一六年五月收購移動超市「德島丸」。

今後，在地方的大都市和首都圈早晚都會發生相同的問題。接下來會有越來越多高齡人口無法步行到鄰近的商店、無法自行委託宅配送貨到府。

就算是沒有資本能力的中小企業或個人業主，以市中心富裕階級為對象的代行購物服務也具有商機。

雖然不能說是高效率的事業，但在亞馬遜無法觸及的領域開創事業，就表示規模經濟較難發揮作用。

## 經手高單價商品

另外，各位應該已經了解電商亞馬遜的特徵在於擁有豐富的商品和最強的物流網。既然亞馬遜能把配送做到極致，那麼競爭對手只要改為處理完全不同屬性的商品即可。

譬如把強項定位在必須從遠方調貨、花更多時間寄送，但仍能讓顧客充滿期待的商品，這種戰略也可行。如果是高單價、高毛利的商品就更好了。

像是產地直送的商品應該可以列入考慮。實際上亞馬遜也還未滲透高級水果的市場。

## 販售廉價商品也無所謂

當然，販售比亞馬遜價格更低廉的商品，也是一種生存之道。實際上仍有一種業態因為追求低價，所以還未被亞馬遜侵蝕。那就是——百元商店。運費比商品還貴的百圓商店，亞馬遜沒道理加入。

事實上，美國的百圓商店「Dollar General」是擁有一萬三千間店鋪的大企業。順帶一提，日本最大型的「大創」在國內有三千一百五十間、海外則為一千九百間店鋪，相較之下差距很大。「Dollar Tree」同樣也在二〇一五年以八十五億美元收購「Family Dollar」，使得整體店鋪數量接近一萬三千間。再加上「99 centonly stores」的話，美國的百圓商店竟將近有三萬間。

# chapter #02

# 因為有現金，所以能容許失敗

# 即便虧損股價也不會下跌的架構

我想各位從第一章就能了解亞馬遜在零售業界是多麼破格的存在。那麼亞馬遜為何能成為一舉翻轉全球競爭原理的企業呢？其原因之一就是財務戰略，也就是如何運用資金。本章將從亞馬遜脫離常軌的資金調度、使用方法談起。

一般而言，優良的企業會將公司收益以股息的形式分配給股東。所謂的股息，簡單來說就是公司在事業拓展順利時支付給等同出資者的金錢。每股的股息是固定的，根據持有的股票數量不同，實際獲得的金額也會改變。

**恐怖的是，亞馬遜自一九九七年上市以來，從未支付股東股息。**因為亞馬遜的收益沒有餘裕分配股息。

企業在支付所有經費、稅金等款項之後剩下的收益稱為「淨利」。支付給股東的股息就是從這些淨利撥款。以當前股價來說，發配股息比例高的公司屬於「高股息」股票，當然受投資人歡迎，股價也因此容易提升。

日本企業淨利最高的是豐田汽車，金額約為二兆五千億日圓。IT 相關業種中，Softbank

集團也初次突破一兆日圓。

亞馬遜在二〇一七年度的淨利約為三十億美元，只占豐田汽車的八分之一。其實這還是目前最高的金額，二〇一六年度約為二十四億美元，二〇一五年度更是大幅減少剩下五億九千六百萬美元。二〇一四年甚至還是虧損狀態。虧損金額為二億四千萬美元。根本就沒有餘裕可以配股息。儘管如此，亞馬遜的股價還是居高不下。亞馬遜即便不配股息也很吸引人，但應該有很多讀者會覺得不可思議，為什麼會沒有利潤？

扣除所有應付的經費和稅金等費用後才是淨利，那麼在扣除這些費用之前的金額就是營業收入。雖然這麼說很粗略，但只要把營業收入想成是顯示該公司事業規模的金額即可。

譬如 Softbank 的營業收入約為九兆日圓，亞馬遜的營業收入換算成日幣約為十八兆日圓。也就是說，亞馬遜的事業規模幾乎是 Softbank 的兩倍。然而，不知為何淨利卻只有 Softbank 的三分之一。

亞馬遜自一九九七年上市時就開始虧損，花了六年的時間才轉虧為盈。原本以為是剛開始才會有這種情形，但儘管後來事業發展順利，進入勢力銳不可擋的二〇一〇年代，仍然在二〇一二年度以及剛才提到的二〇一四年度出現虧損。

豐田汽車、Softbank 等企業的業種和亞馬遜不一樣，所以不能單純放在一起比較。然而，對照同為零售業的企業，在最近六年內，除了二〇一六、二〇一七年度以外，亞馬遜的淨利仍比 7&I 控股來得低。然而，營業收入卻是 7&I 控股的兩倍以上。無論和哪個大企業相比，

## 淨利之比較

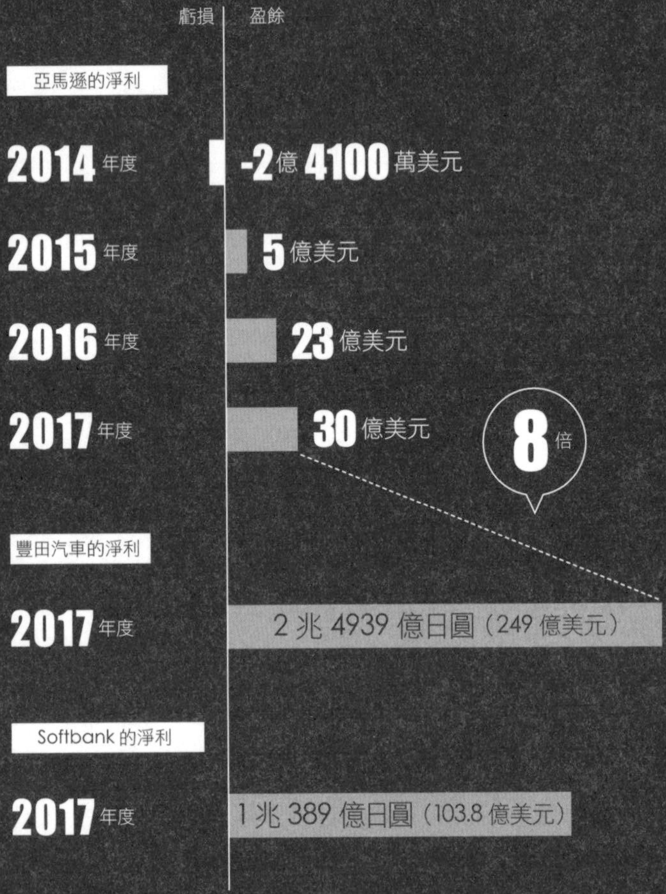
虧損
盈餘
亞馬遜的淨利
2014 年度
-2 億 4100 萬美元
2015 年度
5 億美元
2016 年度
23 億美元
2017 年度
30 億美元
8 倍
豐田汽車的淨利
2017 年度
2 兆 4939 億日圓（249 億美元）
Softbank 的淨利
2017 年度
1 兆 389 億日圓（103.8 億美元）

皆可看出亞馬遜的淨利非常低。

大家都知道亞馬遜前景一片光明。各媒體皆大幅報導亞馬遜的動向，廣受眾人關注。既然如此，亞馬遜的淨利為什麼會這麼低呢？

二〇一二年度呈現虧損時，CEO傑佛瑞．貝佐斯說「（決算後的虧損）是故意為之」。雖然從未聽過CEO對自家虧損如此自信滿滿，不過誠如貝佐斯所言，亞馬遜淨利少但股價仍繼續攀升，在市場上的評價也未曾因此轉壞。

二〇一七年五月亞馬遜的股價出現歷史新高，突破一千美元。

以二〇一八年的收盤價計算，呈現公司價值的總市值第一次超越Alphabet[3]。僅次於Apple，居於世界第二。

一般而言，淨利占比這麼低，市場評價可想而知不會好到哪裡去，但市場評價呈現完全相反的狀態，由此可知貝佐斯說的「刻意虧損」並不是在逞強。

既然如此，所謂的「刻意虧損」又是怎麼回事呢？

這裡提到的「刻意虧損」隱藏著亞馬遜擴展事業至此的秘密。

此時應該關注的重點，就是亞馬遜的「現金」。觀察現金如何流動，就會發現亞馬遜截

3 二〇一八年三月二十日（超越Alphabet的日期）。

然不同的面貌。

有一個名詞叫做現金流經營（Cashflow Management）。**貝佐斯最為重視、支撐亞馬遜成長的機制就是現金流經營。**

現金流經營，一言以蔽之就是確實掌握「公司如何調配、使用現金」的經營方式。雖然一樣都是現金，但現金也有分好壞。有的現金是因為健全的營業收入而增加，但也有營業收入不佳，靠借款獲得現金的情形。現金減少也一樣。是單純因為營收不好而減少，還是因為投資設備而減少？這些都會造成現金品質的差異。

假設某公司以九十元採購原子筆，再以一百元的價格賣給顧客。那麼年末決算時該公司就會有十元的收益。

然而，今天進貨原子筆的價金已經當場支付給批發業者，但一個月後才賣出商品，那麼這一個月手邊的現金就會呈現負數。掌握這些現金狀態就是所謂的現金流經營。

「資產負債表」和「損益表」只會顯示最終金額，所以無法得知現金的品質如何。然而，一般公司只注重決算書表上的數字。只要帳目吻合，現金品質不佳也無所謂。**另一方面，現金流經營則非常重視「現金品質是否優良」。**現金流經營會仔細審視現金的品質。在某種層面上來說，是一種非常簡單的經營方法。

這些現金流並不會出現在決算書表上，而是另有「現金流量表」。

幾乎所有上市企業的決算書表都會按照這個順序排列：呈現截至結帳日為止如何募集和應用資金的「資產負債表」、計算某期間盈餘或虧損多少的「損益表」、「現金流量表」。

有些企業的資產負債表和損益表順序會相反，但現金流量表放在最後是慣例。

試著在網路上檢索就會發現，豐田汽車和SONY、新日鐵住金等日本的代表性企業，都把現金流量表放在最後。從順序就可以看得出來，這些企業並不重視現金流。

然而，亞馬遜則是自二〇〇三年開始就把現金流量表放在第一順位。如此一來，各位應該就能了解亞馬遜有多麼重視現金流了。

直到二〇〇〇年以後，日本企業才有義務公開現金流量表，在那之前沒有強制。現金流經營這個詞彙也是從這個時候開始引人注目，光是一九九九年日本出現「現金流」一詞的書就出版二十冊以上。其他年度幾乎沒有出版相關書籍，可見日本並未重視現金流。

# 令人驚奇的亞馬遜現金流

請各位先看下一頁的圖表。這是整理亞馬遜「淨利」、「營業現金流」、「自由現金流」、「營業收入」之圖表。從這四個數值就能了解一個企業。

首先要看的是營業現金流。所謂的營業現金流就是單純從營收減去進貨成本的數值。從這裡就可以了解本業產出多少現金。也就是說，亞馬遜持續成長，本業也持續產生現金。

自由現金流是從營業現金流減去為擴大事業必須投資必要設備的金額。也就是說，這些是公司今後能自由運用的資金。等同扣除還款、償還公司債、支付股東股息等必要支出後的現金。因為是企業能夠自由應用的資金，所以稱為自由現金流。

亞馬遜的自由現金流直到二〇〇九年度為止都與營業現金流等比例增加，但值得注意的是自二〇一〇年度到二〇一二年度這段時間卻減少。當然，營業現金流依然持續成長，然而二〇一二年度的自由現金流卻大幅減少。

也就是說，這個時期的亞馬遜在本業上賺的營業現金流，幾乎都拿去投資了。這個金額以日幣計算達數千億日圓之規模，就零售業界而言是超乎想像的投資額。

## 亞馬遜的現金流

出處：亞馬遜財務報表

| 年度 | 淨利 | 營業現金流 | 自由現金流 | 投資現金流 * | 營業收入 |
|---|---|---|---|---|---|
| 2004 | 588 | 566 | 477 | -89 | 6,921 |
| 2005 | 359 | 733 | 529 | -204 | 8,490 |
| 2006 | 190 | 702 | 486 | -216 | 10,711 |
| 2007 | 476 | 1,405 | 1,181 | -224 | 14,835 |
| 2008 | 645 | 1,697 | 1,364 | -333 | 19,166 |
| 2009 | 902 | 3,293 | 2,920 | -373 | 24,509 |
| 2010 | 1,152 | 3,495 | 2,516 | -979 | 34,204 |
| 2011 | 631 | 3,903 | 2,092 | -1,811 | 48,077 |
| 2012 | -39 | 4,180 | 395 | -3,785 | 61,093 |
| 2013 | 274 | 5,475 | 2,031 | -3,444 | 74,452 |
| 2014 | -241 | 6,842 | 1,949 | -4,893 | 88,988 |
| 2015 | 596 | 12,039 | 7,450 | -4,589 | 107,006 |
| 2016 | 2,371 | 17,272 | 10,535 | -6,737 | 135,987 |
| 2017 | 3,033 | 18,434 | 8,376 | -10,058 | 177,866 |

* 其中用於投資設備之金額

單位：百萬美元

譬如淨利呈現虧損的二〇一二年度，投資現金流為負三十五億九千萬美元（圖表中顯示的是投資設備金額，所以數值稍有不同）。上一年度為負十九億三千萬美元，由此可知金額大幅增加。所謂的投資現金流是現金流量表的項目之一，意指投資設備或股票（有價證券）、出售資產的金額，所以基本上最好是負數。這個數值若為負數，就會被認定是前景看好的企業。因為該數值表示企業積極從事投資。若這個數值呈現相反的正數，就表示經營不善，試圖變賣資產獲得現金，很可能是企業手邊現金不足的警示。不過，就算投資現金流最好是負數，但這個金額未免也太誇張，一般狀況下很難以想像。

亞馬遜的積極投資在那之後仍然持續，二〇一七年度甚至負二百八十億美元。

順帶一提，這些資金都集中在投資設備。二〇一五年度約四十五億美元、二〇一七年度約一百億美元用於投資設備。也就是說，亞馬遜擁有令人難以置信的高額現金。換算日幣的話，亞馬遜近幾年持續動用每年四千五百億日圓至一兆日圓的資金投資超大型設備。

## 從現金循環週期為負數的魔法中生出資金

那麼亞馬遜為何能實現如此鉅額的投資呢?當然，電商網站與其他事業的營收表現出色也是原因之一。然而，光是如此還不能解釋如此龐大的投資額從何而來。解開謎題的關鍵在於現金循環週期（Cash Conversion Cycle，CCC）。

讀者可能不太熟悉這個名詞，所謂的現金循環週期，可顯示販售進貨的商品，要花幾天的時間才能變現。現金循環週期越小就表示回收現金的循環越短，手邊擁有現金的時間就能拉長。也就是說，現金循環週期的數值越小越好。

譬如零售業界龍頭沃爾瑪的現金循環週期約為十二天。表示採購商品上架販售到回收現金需要十二天的時間。零售業界一般的現金循環週期大約是十到十二天。

通常在拿到營業收入前的營運資金，必須透過向銀行借款等方式準備。

雖說十二天就能回收現金，但營收越高每天需要的營運資金就越大。對年營業收入達五千億美元的沃爾瑪而言，這十二天的負擔絕對不小。換算成日幣的話，年營業額為六十兆日圓，十二天就需要二兆日圓。這表示沃爾瑪必須動用自己的資金或借款籌措這二兆日圓。

**另一方面，亞馬遜的現金循環週期為負數。也就是說，在商品賣出之前亞馬遜就已經拿到錢了。**

其實負數並不罕見。以身邊的例子來說，當場付費的餐飲業，現金循環週期也是負數。因為食材和人事等費用都是之後才需要付款。日本的年輕人能夠輕鬆加盟拉麵店，也是因為現金會先進來，而且開店時的資金和其他類型的店家相比來得低。

假設現金循環週期為負十天。這種情形就不需要向銀行借款，在這十天期間可以自由使用銷售所得。因為在產品製作前，現金就已經先拿到手了。

順帶一提，有個例子能夠說明，現金循環週期為負數對企業而言多麼有利。那就是——逐漸萎縮的出版業界和鋒頭正盛的網路媒體，兩者之間的差異。

日本出版社的現金循環週期一般是一百八十天。日本的出版社透過盤商銷售，一般大多在出版後六個月才能拿到款項。然而，網路媒體的現金循環週期則為負數，就算是正數，時間間隔也很短。

首先，如果是會員網站，會員必須先付費，如此現金循環週期就會呈現負數。另外，事前賣出廣告也會呈現負數。或者在消費者點擊網頁廣告的瞬間（最慢平均也是十五天後入帳）就能拿到款項。廣告本身由顧客自行製作，所以不需要任何費用。

網路媒體在結構上較快能獲得營運所需現金。如此一來，想必各位已經能夠明白網路媒體能瞬間擴展的原因。

# 在商品發售前三十天亞馬遜就已經拿到現金

順帶一提，美國Apple的現金循環週期，自陷入經營危機的一九九三年度至一九九六年度為止都是落在七十天左右。然而，當賈伯斯回歸掌握實權之後，現金循環週期獲得改善，現在已經轉化為負數。

Apple現金循環週期戲劇性地改善，建立於減少庫存和集中商品的背景上，除此之外，也很有可能是變更Apple零件供應商的交易條件。**減少庫存就能變現，所以一般而言要讓現金循環週期呈現負數，企業會選擇重新審視庫存或者集中商品品項。**Apple貫徹這項作法，自二〇〇一年度之後，現金循環週期大約都維持在負二十天左右。

現金循環週期轉向負數，表示Apple能運用製作產品前就進來的款項，從事「iPhone」等商品的開發或促銷活動，較容易達成持續成長的目標。

以亞馬遜的情況來說，現金循環週期為負二十八·五天，數值大約落在三十天左右。用極端的方式表達，等同在賣出物流倉庫中的商品前三十天，就已經拿到現金。

現金循環週期的龐大負數，成為亞馬遜鉅額投資、一一開拓新事業的財源。只要有大量的現金流動，財務報表上的虧損一點也不重要。

然而，亞馬遜具體上市如何讓現金循環週期呈現負數呢？外界預測光是像 Apple 重新審視庫存管理，著實難以實現負三十天的數值。

## 現金循環週期如何變成負數？

亞馬遜當然沒有公開讓現金循環週期呈現負數的機制，所以外人難以窺見全貌，然而最大的差異之一應該就是「商城」了。誠如第一章所述，商城是讓亞馬遜以外的業者也能上架商品的架構。在商城中，亞馬遜會統一接收消費者的付款，從營業額中扣除數個百分比的手續費並於幾週後將款項付給上架業者。

重點在於商城的總營業額會先進到亞馬遜的帳戶，隔幾天之後才會付給業者。這些暫時的入帳金額就是「暫收款」。亞馬遜讓現金循環週期呈現負數，「暫收款魔法」的功勞不小。

雖然沒有公開資訊，但手續費的金額應該不高。假設在商城上架的業者販售一項價值一千日圓的商品，亞馬遜的手續費為十％。最後亞馬遜實拿的金額只有一百日圓。然而，亞馬遜卻可以暫時拿到一千日圓。也就是說，直到實際付給上架業者為止，營業額扣掉手續費的「暫收款」，對亞馬遜而言就是一筆無利息的可運用資金。

雖然是二〇一三年的試算數據，但根據某駐美流通顧問公司[4]的假說，亞馬遜這筆無利息

4 《DIAMOND Chain Store》鈴木敏仁〈美國零售業大全二〇一三〉（二〇一三年十月十五日號）。

的可運用暫收款金額高達十九億美元。這是假設付款期間為二週所計算出來的數字。以商城流通總額五百五十億試算，並且在二週後支付業者總額的九成，就是五百五十億×〇．九÷一年（三百六十五天）×十四天＝十九億美元。亞馬遜藉由營運商城，獲得換算日幣二千億左右，可隨時自由運用的現金。

這只是二〇一三年時的推論。現在商城持續擴大，這筆金額想必也繼續增加。

其實這並非亞馬遜的專利，其他國際企業也擁有這樣的「聚寶盆」。美國Apple的「App Store」和美國Google的「Google Pay」等應用程式也是一樣的架構。話雖如此，二〇一七年的App Store營收約為二百六十五億美元，還不到二〇一三年度亞馬遜推估金額的一半。和亞馬遜相比之下，規模顯得小了許多。

沃爾瑪雖然慢了一步，但也設立了商城。應該就是發現亞馬遜的這項機制吧。順帶一提，樂天等日本企業完全沒有運用這種架構。日本企業執著於製作精良的商品，把收益拿去投資設備，繼續製作精良的商品，國外的大企業早就在這段期間利用相關機制拿到現金了。

另外，亞馬遜的現金循環週期維持負數的原因，有個常見的假說，亞馬遜以壓倒性的商品購買力為盾牌，大幅延後付款給貨源供應商的時間。當然，這段期間亞馬遜就能使用手邊的現金。然而，筆者也認為「就算是亞馬遜，也不見得所有供應商都能退讓到這種程度」。

雖然亞馬遜從來不談讓現金循環週期呈現負數的機制，但就現況看來商城的確是實現積極投資的金脈。

# 亞馬遜以最低價進貨的操作法

在這裡我稍微離題，真實的亞馬遜河有個階梯瀑布。所謂的階梯瀑布就是小瀑布一個接著一個連在一起。根據地形不同，自上游開始可能會有好幾個高低落差小的瀑布連在一起。

亞馬遜的零售事業也被稱為「階梯瀑布」，因為亞馬遜對待批發商就像這種瀑布一樣。

書籍和日用品等商品無論向哪個批發商拿貨，商品內容都一樣。假設亞馬遜打算進一百本書。這種時候就會向多家業者同時索取報價。亞馬遜會先向報價最低的業者訂貨。如果業者的庫存只有五十本，亞馬遜就會全都買下來。接著再向報價第二低的批發商購買全部庫存。若庫存只有四十本就全部買下來。最後再向報價第三低的批發商買剩下的十本。的確就像階梯瀑布一樣。

就結果而言，合計採購費用會是最便宜的金額。各位可能會覺得這種進貨方法理所當然。這就像消費者為了買便宜雞蛋和高麗菜，前往不同的超市購買一樣。

其實一般的零售業很難用這種單純的方式進貨。不同批發商服務的地區不同，在店面協助販售等服務也會有差異。因此，零售店大多很難讓批發商彼此競爭。

**因為亞馬遜是網路購物，所以不會受到地區或店面協助販售等服務的束縛。**因此，亞馬遜可以埋頭從各種業者手上採購能及時交貨、最便宜的商品。

能做到這一點也要歸功於亞馬遜的系統。亞馬遜的個別交易採全自動控制。亞馬遜經手的商品超過二〇〇〇萬種，本來就不可能靠人力一一採購。

以批發商的角度來看，對方如此清楚掌握最低價，業務員根本無法進行交涉，只能對商品的採購流程乾瞪眼。

要贏過競爭對手，只能降低電腦中登錄的販售價格或者在交易條件上退讓。自己擁有資金的業者為了勝出，或許會提出六十天後付款等優越的條件。我們雖然無法得知亞馬遜現金循環週期的秘密，但應該可以藉由這些狀況推測。

## 統整銷售額規模

我們先在此試著統整亞馬遜的營收規模。

從營業收入來看，二〇一七年度約為一千八百億美元。比前年增加三〇・七%，和創業時相比大約成長三十五倍。

順帶一提，二〇一四年度到二〇一五年度的營業收入也成長二〇・二%。一般而言，十兆日圓規模的企業成長都會趨緩，但亞馬遜完全不受影響持續保持二〇%以上的成長。

Google的母公司Alphabet，二〇一六年度到二〇一七年度的營業收入也比年前成長二十二・八%。兩者的成長幅度都差不多。順帶一提，Apple同時期的成長率為六・三%。已經可以開始看出iPhone、iPad銷售的不祥預兆。

亞馬遜的營業收入中，本業的零售收入占全體的六〇・九%。其中包含影片和音樂等數位內容的販售收入。

第二大收入為「商城」的手續費，占整體的十七・九%。下一章節會說明的「亞馬遜網路服務公司（AWS）」占九・八%，付費的「亞馬遜訂閱服務」會費等定期收入占五・五%。

誠如之前提到的，亞馬遜的營業淨利很少。二〇一七年度的營業淨利為四十一億六百萬美元，但往回推三期的二〇一四年度只有一億七千八百萬美元。所謂的營業淨利，是從營業收入中減去各種費用所得的金額，雖然每年金額差距很大，但如同之前所述，亞馬遜的淨利平均來看算是很低。

亞馬遜自一九九七年上市以來，累積二十年的淨利約為五十億美元。亞馬遜是貫徹現金流經營的公司。順帶一提，Alphabet 截至二〇一六年度為止，過去五年就賺了九百億美元。以如此薄弱的淨利經營到這樣大規模的企業，可以說是史上唯一。如果有什麼可以與之匹敵，應該只剩羅馬帝國了。結算時的低淨利，其實也是亞馬遜的力量之一。

## 亞馬遜的營業收入

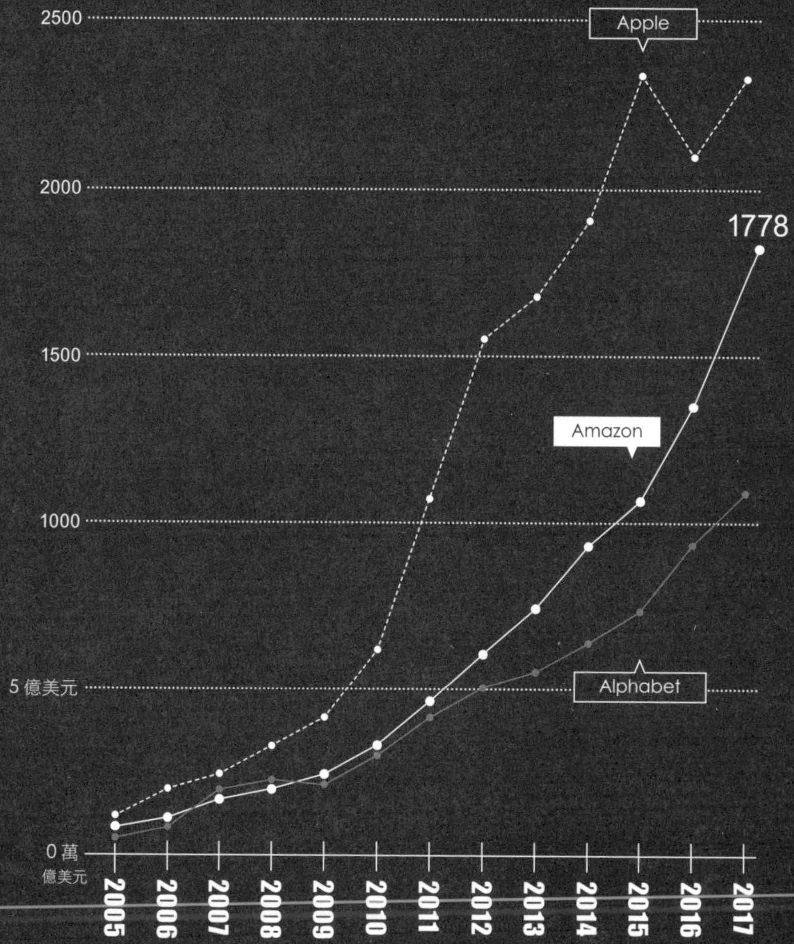


（只有 Alphabet 為 9 月結算，其他為 12 月結算，所有數值皆為年度營業收入）

亞馬遜營業收入明細

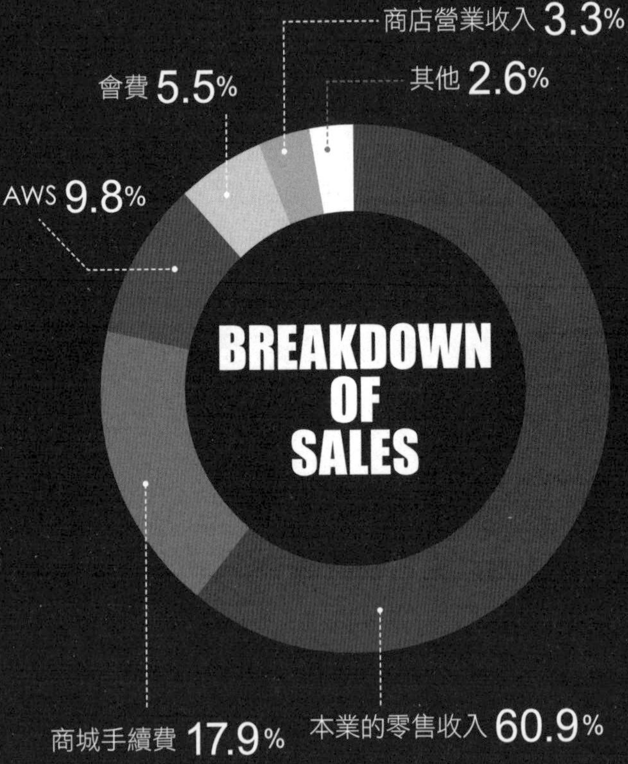
商店營業收入 3.3%
其他 2.6%
會費 5.5%
AWS 9.8%
BREAKDOWN OF SALES
商城手續費 17.9%
本業的零售收入 60.9%

**何謂營業淨利**

營業收入－（採購成本＋銷售費用）＝營業淨利

顯示該企業在本業上獲取多少收入的指標

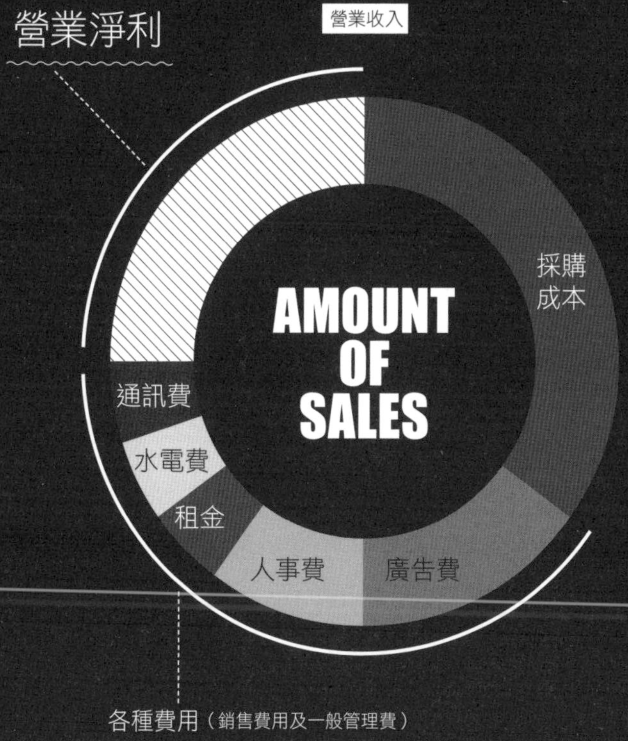

# 亞馬遜初期的股價一直都很低

順帶一提，看股價就能知道現金流經營在獲得認同前的歷史。

亞馬遜初次上市的股價為十八美元。一方面是搭上網際網路泡沫化的順風車，股價曾暫時應聲而漲，但後來因為持續虧損而股價下滑。為了阻止股價崩盤，不斷重複除權，現在每股已經增加為十二股。

順帶一提，所謂的除權是企業想增加股票流通量時可採取的手段。除權過後每單位的投資額會變小，使投資人更容易購買股票。其結果通常會帶動新買氣，使得股價上漲。

自一九九七年起，以十八美元購買亞馬遜股票的投資人，現在每股可獲利一．五美元。現在亞馬遜的股價已經是當初的一千二百五十五倍了。若當時以一百萬日圓購買亞馬遜股票，現在就擁有十二億五千萬日圓的價值。然而，應該沒有人一直抱著這支股票長達二十年吧！

據道瓊公司報導，亞馬遜自上市後二十年之間，有十六年的時間每年股價下降超過二〇％。

二〇〇八年金融危機時，甚至大幅下跌六十四％。IT泡沫經濟崩盤的一九九九年十二月到二〇〇一年十月這段期間也跌了九十五%。簡直就是暴風般地狂跌。

二〇一七年時，就連素有「投資之神」稱號的巴菲特，都在自己經營的投資公司年度股東會上說自己「太低估貝佐斯的出色能力」並反省自己「完全沒有洞悉貝佐斯是否會成功」。

當初完全沒有人想到，「亞馬遜效應」竟然會大到令人恐懼。不過，因為股價持續攀升，讓擁有大量自家股票的貝佐斯在二〇一八年成為富比士富豪榜的榜首。

現在的投資人評價亞馬遜是無法用既有標準營量的企業。話雖如此，這些投資人是否真的了解亞馬遜，仍然十分令人懷疑。如前文提到的，就連貝佐斯自己都不了解亞馬遜，他人又怎麼會了解亞馬遜的未來呢？

成毛真的觀察

·02·

# 類似羅馬帝國與江戶時代的亞馬遜

亞馬遜是個無人能出其右的企業。越了解亞馬遜的商業模式，這種想法就會越強烈。然而，回顧歷史就會發現，過去曾經有類似亞馬遜的支配與統治型態。

亞馬遜是什麼樣的企業呢？既經營網路購物，也是世界第一的雲端服務公司。不過，套一句傑佛瑞．貝佐斯的話，亞馬遜其實是「後勤企業」。所謂的後勤指的是軍隊中的後勤部隊。而後勤部隊則是負責補充軍隊活動所需的軍需品以及士兵到戰場前線。歷史上最重視後勤部隊，並藉此擴大勢力的就是羅馬帝國。

亞馬遜的強項在於現金循環週期。現金循環週期越小，資金週轉就越有餘裕。各企業為了縮短現金循環週期，卯足全力改變商業習慣、或者讓貿易條件對自家公司更有利，**但是絕對不能忘記，最重要的是縮短進貨到賣出商品的這段時間。**為了做到這一點，當然需要投資物流。

亞馬遜擁有物流中心、大型貨櫃車、飛機，用以仔細建構自己的後勤部隊。貝佐斯**比起擴展事業，更專注於充實後勤部隊，所以才能打造出巨大的經濟圈。**

亞馬遜不只在後勤觀點上重現羅馬帝國的樣貌。確立地方分權、採取張弛有度的統治形態也和羅馬帝國相似。

羅馬帝國對征服的區域會先給予自治權。之後再派守護該區域的軍隊支援，接著才課稅與兵役。對被征服的區域而言，比起自己養軍隊還便宜。如此一來，各位應該就知道羅馬帝國日漸壯大的原因。

亞馬遜的每項事業都各自獨立，各自追求自己的利潤。當然，其他的企業也有這種管理型態，不過看來貝佐斯是刻意不干預這些事業。

雖然只是推測，不過亞馬遜很可能是在未預測事業間加乘效果的情況下拓展事業。畢竟有不少服務怎麼想都覺得不划算，像是直到最近都悄無聲息的生鮮食品網購，亞馬遜都一鼓作氣投入（而且還沒打退堂鼓）。

本書第四十二頁也提到，亞馬遜急速成長的原因之一就是不刻意控制，給予事業部裁量權，讓工作現場能夠快速做決定。因為這些條件，使得各事業的管理成本更加低廉。**亞馬遜蒸蒸日上的原因就在於物流網的整備與張弛有度的統治。**

順帶一提，還有另一個在歷史背景上頗為相似的帝國，那就是——江戶幕府。

江戶時代交通網完整，是個大範圍交通往來與物品買賣非常發達的時代。再加上統治權下放給各藩。給予一國一城之主權限，但也透過定時至幕府執勤的參勤交代制度提醒藩主自己是隸屬幕府的一員。以最低的成本，支配廣大的領土。地方自治其實是非常聰明的統治方式。說亞馬遜就是現代的羅馬帝國、江戶幕府也不為過。

# 無論身處何種困境，都要把收益拿來投資新事業

讀到這裡想必大家都已經了解亞馬遜壓倒性的現金流經營了。就算虧損、股價下跌也不惜投入龐大現金，挹注新基礎建設和新事業，這就是亞馬遜最大的特色。貝佐斯過去對股東和媒體展現哪些行動呢？

方才提到 IT 泡沫經濟毀滅的二〇〇〇年前後，亞馬遜的股價大幅下滑。二〇〇〇年無疑是亞馬遜陷入谷底的時候。

這段期間美國的景氣低迷。素有「.com 企業」之稱的網路企業虧損不止，網際網路個股的泡沫經濟崩壞。亞馬遜也傳出危機，還被揶揄是 Amazon.Bomb（炸彈）。當時，亞馬遜就是不知道什麼時候會爆炸的炸彈。

二〇〇〇年六月底雷曼兄弟投資銀行發出警訊，說亞馬遜已經面臨資不抵債的危機。亞馬遜的股價原本就已經下跌五〇％，這番落井下石的警告讓股價再度下跌二〇％。

當時，那斯達克掛牌上市的網路企業，在六月到八月之間就消失了四間。

更驚人的是，當時亞馬遜明明沒有盈餘，卻從一九九九年開始突然擴大倉庫規模，從原

本的二個據點增加到八個。倉庫面積約為三萬平方公尺至五十萬平方公尺。**在虧損的情形下，仍然持續投資、擴展事業，可見當時就已經完成現在亞馬遜的原型了。不過，當時處於許多新興網路創投企業倒閉的時期，所以有很多人對亞馬遜的經營感到不安。**

然而，面對外部評價低迷的狀況，貝佐斯從當時就抱著一貫的態度。在《日經商業》雜誌的訪談中，他也清楚斷言：

「對於想短期獲利的投資人而言的確是很可怕的現象，但我認為還是長期觀點比較重要。」

「亞馬遜的投資人對我們抱有長期性的願景，希望我們以正確的方式經營。所以我們才會（把成熟事業創造出的利潤）投入新事業。」

亞馬遜一九九五年的淨利虧損三十萬美元，到了一九九九年虧損更膨脹到七億美元。市場上的評價非常犀利，信用評級公司穆迪（Moody's Corporation）以及S&P都把亞馬遜評為C級。C級就等同不值得投資的公司。

當時的媒體都對亞馬遜營收增加卻持續虧損的經營架構以及急速拓展事業等作法，保持懷疑的態度。日本的經濟雜誌《日經商業》也以〈究竟是網路業界的旗手還是泡沫經濟的寵兒〉為題推出特輯。[5]

5 二〇〇〇年七月三日號。

貝佐斯告訴投資人「我們已經做好覺悟，會長期面對誤解」，以公司的立場而言，為確立長期性的優勢，必須大幅投資基礎建設。現在，大多數的投資人看到亞馬遜利用科技解決既有的產業課題之後，都覺得沒有收益並不是大問題。因為亞馬遜不追求收益，而是追求成長和願景。**亞馬遜的態度一直都沒有改變。改變的只有外界的眼光而已。**

亞馬遜從當時就不掩飾對金融和電腦事業的野心。即便在艱困的情勢下，貝佐斯還是一副事不關己的樣子，持續描繪新事業的構想。

成毛真的觀察

·03·

# 「現金流經營」這句話，應該是貝佐斯的藉口

「虧損是因為投資了未來。現在的業績並不重要。」

這是亞馬遜「現金流經營」的基礎，但其實這並非他的專利。因為一九九〇年代後期，許多 IT 企業的經營者都曾這麼說。

一九九〇年代後期，美國的 IT 泡沫經濟正逢熱潮。一九九五年，網景通訊（Netscape Communications）明明虧損卻還是掛牌上市，從這時候開始，只要和網際網路沾上邊的事業，無論構想是什麼、經營狀況多差，都能籌到資金。

投資人也很歡迎初露頭角充滿銳氣的經營者們「虧損是因為要投資」這種主張。現在想來或許是對網際網路的未來充滿期待再加上泡沫經濟的過度熱絡，讓投資人不得不認同 IT 企業虧損的狀況。

而且，這些期待最後真的只是期待。不要說有盈餘，大多數的網路企業仍然持續虧損。

在這樣時代背景的二〇〇〇年，貝佐斯一直強調「投資有其必要性」。當

然，當時包含投資人在內的大多數人都只覺得這是貝佐斯的藉口。

我個人也認為，無論再怎麼正面看待貝佐斯的言論，仍然無法抹去他是迫不得已而說這些話的印象。

然而，亞馬遜現在成為一個巨大的帝國，這樣的經營手法已經被列入商業學校的教科書中。二〇一八年現在這個時間點，大家都認為貝佐斯的主張自創業以來都沒有改變，不過那很可能只是個藉口。當時業績並沒有提振的跡象，雖說是為了未來而投資，但都以販售品項擴充和美國之外的事業拓展為主軸。和其他多數的網路購物企業並沒有什麼太大差異。

當然，亞馬遜後來發現AWS（亞馬遜網際服務公司）這個金雞母，不過那也是撐過倒閉危機之後的事了。應該可以說是因為貝佐斯以強勢的「藉口」度過難關，AWS獲得大成功，所以才讓他之前的發言都正當化了。

chapter

#03

# 亞馬遜獲利最高的是AWS

# 創造亞馬遜大部分收益，不可不知的巨大事業

第一章提到亞馬遜零售部門的厲害之處，第二章則分析了現金流經營，不過亞馬遜還有真正的厲害之處，那就是——亞馬遜網路服務公司，簡稱 AWS 這項事業。AWS 已經創造出天文數字般的收益，說 AWS 是今後引領亞馬遜成長的事業也不為過。

AWS 是提供雲端服務的事業。在 IT 業界中，眾所周知亞馬遜就是全球最大的企業雲端服務公司。

AWS 可以說是在雲端電腦的世界裡引發了一場大革命。簡單而言，企業的伺服器和軟體都可以換成更低價的雲端替代品，讓 IT 產業大幅轉變。

所謂的雲端服務就是提供伺服器的服務。

商務人士在使用自己公司的電腦時，一定都會連到伺服器。會計人員可能需要用財務會計系統，業務人員則是需要顧客資料庫時，只要連上伺服器就能使用這些系統。然而，伺服器到底在哪裡、誰在應用伺服器？其實大家不需要知道這些也能使用。

大企業各自擁有自己的伺服器。譬如日本銀行的傳統是用自己的大型電腦執行系統，這

算是一般常識。因為款項進出資料等系統若發生故障，就會產生信用上的問題。要開發自己的伺服器，往往需要數年的時間。投資金額有時甚至高達數千億日圓，所以對於販賣電腦的公司來說，銀行就是他們的超級大客戶。

然而，AWS準備了巨大的伺服器，在線上提供各種企業相關系統（高端資料解析或應用AI等服務）。只要共享AWS的雲端伺服器，企業就不需要特地在內部放置伺服器。比起使用企業各自開發的系統，共享系統價格更低廉、性能更好。

另外，雲端伺服器規模越大成本越低。譬如日本企業幾乎不會在深夜使用電腦。然而，因為時差的關係，紐約的企業可以在日本不用電腦的深夜時段使用同一個伺服器。如此一來，電腦的折舊費用與電力成本、保養人力等費用都可以壓低。也就是說，只要將這套雲端伺服器拓展到全球無數的企業，費用就可以降得更低。

除此之外，雲端伺服器還有其他優點。各位應該聽說過，有時在新產品發售日等消費者過度集中瀏覽企業網站，造成伺服器當機的事情。

企業通常擁有超越日常使用功能一倍以上的伺服器，以應對特別需要伺服器處理能力的日子——譬如發售日或網站上的特賣會、銀行的發薪日等使用者會集中造訪網頁的時間。如果沒有事先做好準備，當發生大家都想了解的大事件時，就可能會無法瀏覽線上新聞；新年連假時也可能沒辦法販售車票。

## 網絡的架構

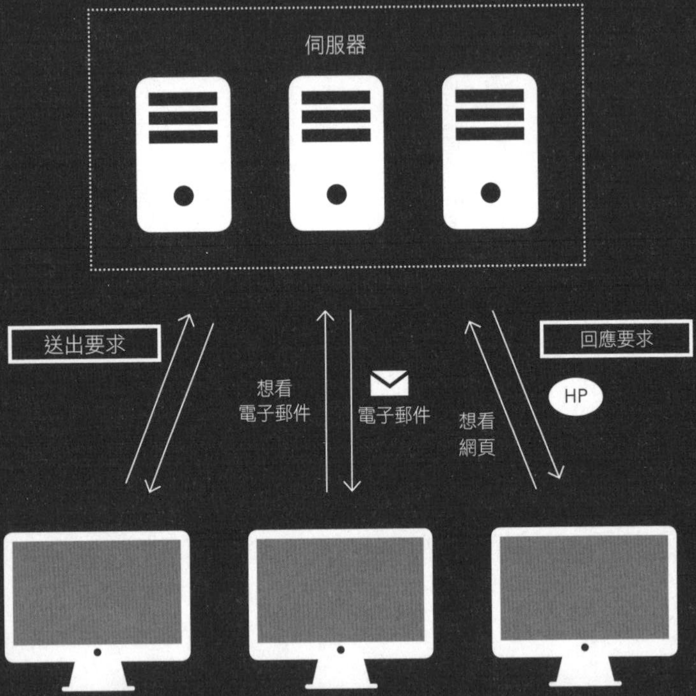

伺服器
送出要求
回應要求
想看
電子郵件
電子郵件
想看
網頁
HP

AWS 的架構

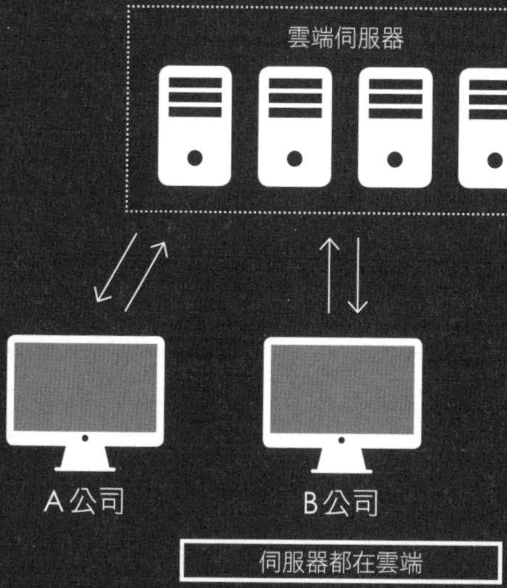


既有的架構

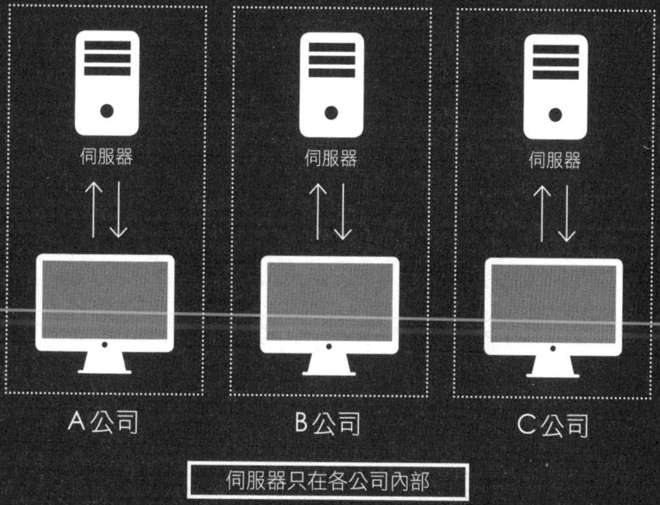

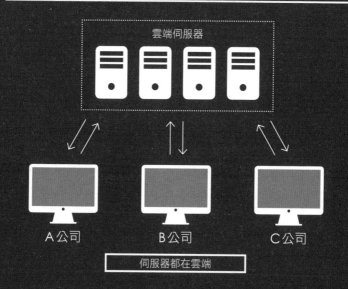

然而，全球企業共同使用超大型伺服器時，就不需要再浪費資源了。

而且如果自己準備伺服器，機器會因為劣化需要耗費保養成本，使用AWS的維修保養都由亞馬遜包辦，企業就可以一直使用最新的伺服器。當公司事業成長時，也能隨時變更使用容量。

現在只要向亞馬遜提出想使用AWS的申請，約十五分鐘後，數千台的伺服器就能為你所用。自己花大錢買伺服器，而且還需要花好幾年的時間開發，這樣的做法變得很愚蠢。

無論是哪個業種，亞馬遜備好種類豐富的相關系統。希望各位先參閱次頁的圖表。從勞務相關手續、計算薪資的人事系統到運用數據、畫面解析技術分析餐飲店顧客，甚至連農業領域都可以應用。

因為亞馬遜具有高度零售業領域的專業知識，AWS的系統絕對比自己公司開發的系統更方便。雖然過去是亞馬遜為自己量身訂做的系統，不過配合AWS的規則的確比較有效率。

商務人士中或許會有人認為自己和亞馬遜沾不上邊。然而，全球的企業都陸續加入AWS。去過的餐飲店或APP都和AWS有關。亞馬遜在無意之間開始支撐我們的生活，無論喜不喜歡都變得和我們息息相關。

在雲端服務的領域中，IBM和惠普（HP）早就遠遠落後，能與亞馬遜匹敵的可以說只剩下微軟了。

## AWS 的系統範例

人事勞務系統
輸入新進人員的資料
自動生成文件，簡化各種申請手續
迴轉壽司
在入口處的觸控面板輸入大人和小孩的人數後，就會優先提供推薦的餐點
廣告・宣傳
把促銷資訊發送到位置在附近的智慧型手機
增加兩成的購物率
農業
溫室
收集、分析溫度和日照量

# 為何不選 IT 公司龍頭，而是選擇 AWS？

為何 AWS 會超越 IBM 和惠普（HP）等正宗 IT 公司，成長到現在的規模呢？因為 AWS 提供了革命性的服務。

AWS 素有「雲端百貨公司」之稱。AWS 集結了廉價而且馬上就能使用的各種服務。每年都會以驚人的低價推出功能強化或嶄新的服務。

另一方面競爭對手惠普在二〇一五年退出市場。IBM 雖然仍提供資料保存的服務，但最近轉向資料分析等相較之下利益較大的服務。

相比之下，AWS 若包含細部功能更新的話，二〇一五年就提供七百二十二種，二〇一六年則提供超過一千種的服務。自二〇〇六年開始提供服務至今已經超過十年，技術改革的速度未見減緩反而加快。應該是貝佐斯夢想中的科技公司開始發揮本事了。

AWS 的價格競爭力也很強。自開始提供服務以來，約十年的時間內竟然降價高達六十次以上。憑藉大量採購伺服器、降低成本、招攬新客戶，讓價格越降越低。**亞馬遜在這個領域也可以充分發揮規模競爭的優點，持續回饋顧客。**如此一來，其他競爭對手根本毫無勝算。

在IT業界中，能掌握De Facto Standard（業界標準）的企業較佔優勢，技術開發速度也較快。截至目前為止，IBM、微軟、英特爾分別靠大型電腦、電腦作業系統、半導體建立壓倒性的地位。如今，亞馬遜正試圖稱霸雲端業界。

## CIA 是 AWS 的顧客之一

AWS 的顧客都是非常優秀的企業。當然，領域各有不同。像是奇異公司（GE）、麥當勞、網路媒體 BuzzFeed、民宿網 Airbnb、Netflix 都是 AWS 的客戶。

Netflix 等企業在影像流通事業上和亞馬遜的競爭領域重疊。Netflix 的付費會員數超過一億二千五百萬人，最近不只流通數位內容，也像亞馬遜一樣以經營製片公司的方式擴大規模。預估在二〇一八年之內，將有百分之五十的數位內容會是原創作品。對亞馬遜而言，無疑是競爭對手。然而，即便是競爭對手，仍積極提供建構事業的基礎建設，這一點的確符合亞馬遜的風格。

有一個客戶，成為了 AWS 的一大轉捩點。那就是美國的中央情報局（CIA）。二〇一三年，情報局和亞馬遜以六億美元的金額簽訂為期四年的合約。亞馬遜本來就有美國國家航空暨太空總署（NASA）等政府機構的客戶，但 CIA 的這紙合約對業界來說的確很震撼。因為政府機關的工作，以往都是由 IBM 等歷史悠久的大企業獨占鰲頭。

IBM要求政府重新考慮，但美國聯邦法院表示「AWS的提案技術方面表現很好，雙方競爭的結果顯示落差很大，無法說是勢均力敵」故駁回IBM的請求，這件事在某種層面上來說宣傳效果非常好。因為這件事使得AWS的信用有政府機構中處理機密情報的CIA掛保證，使得許多公家機關和企業比以前更積極採用AWS。

在日本，像是日立、Canon、麒麟啤酒、Fast Retailing控股公司、三菱UFJ銀行、SmartNews等不同業種的公司，大企業乃至新興企業都開始紛紛採用AWS的服務。

甚至有企業把雲端當作是提供服務的據點。很少有人知道《每日新聞》的報導就是使用AWS的伺服器，其實他們自二〇一五年起就採用AWS經營數位服務的核心——新聞網站。以前在新聞網站上如果要展開新的服務，就必須先寫一份採購伺服器等必要機器的草案，取得上級同意之後再投入機器，從頭打造出服務的架構。然而，採用AWS只要少少的投資就能開始，當企業想在網路上推出新服務時就能隨機擴充。維修、管理系統的的必要費用也可以減半。

三菱UFJ銀行也採用AWS的服務。公司整體有一千組的系統，伺服器壽命到了就將系統依序轉移至AWS，預計將來會有半數的系統都掛在雲端。

銀行一直被認為是最排斥雲端的業界，然而日本國內的大型銀行仍願意採用AWS，這就足以證明AWS的超高可信度與安全性。因此，日本企業也開始加速採用AWS，今後想必會持續成長下去。

## AWS的營業收益會成為其他部門的投資金

二〇〇六年開始營運的AWS，目前在包含日本的全球一百九十個國家（全球十四個區域）都有提供服務。次頁的圖表可以看出，近幾年的營收都比前一年增加約五〇％，呈現高度成長的狀況。二〇一七年的營收約為二兆日圓。

請各位參閱一四〇頁的圖表。二〇一七年亞馬遜公司整體的營收為一千七百七十八億美元。AWS占公司整體營收一百七十四億美元，還不到一成。請看頁面下方的亞馬遜營業淨利。

二〇一七年AWS的營業淨利為四十三億美元。和前一年相比約增加了四成。亞馬遜當中事業規模最大的北美線上購物事業（營收約為AWS的六倍）營業淨利有二十八億美元盈餘，但除了北美之外的線上購物事業竟然背負三十億美元的虧損。

**其實網購事業整體不僅沒賺錢反而還虧損，這就是亞馬遜的實際情況。**二〇一七年亞馬遜整體的營業淨利為四十一億美元，相比之下AWS只是一個事業部門，營業淨利就有四十三億美元。由此可知，AWS填補網購事業的虧損，支撐著亞馬遜。

AWS 的營收

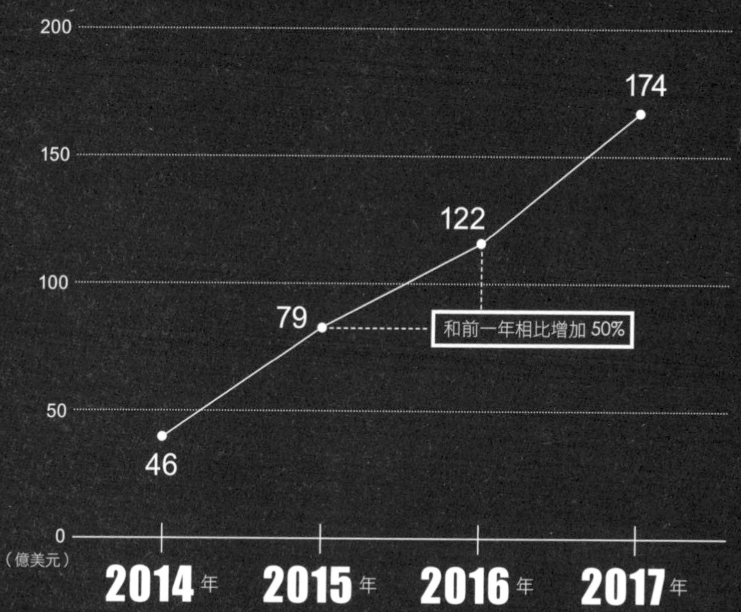
200
150
100
50
0
（億美元）
174
122
79
46
和前一年相比增加 50%
2014 年
2015 年
2016 年
2017 年

雖然 AWS 營收只占亞馬遜整體不到一成（一百七十四億美元），卻創造出公司整體的利潤。如果從「靠什麼賺錢」這一點來看，就能知道亞馬遜為什麼能被稱為雲端運算的公司了。

AWS 的營業淨利率也很漂亮。所謂的營業淨利率是指營業淨利占整體營收的比例。營業淨利的金額會根據企業規模不同產生很大差距，和其他公司比較時，看營業淨利率較為方便。

二〇一七年 AWS 的營業淨利率為二十五％。日本的上市公司營業淨利率平均為七％，如果有二〇％就算是高水準。從這一點考量，就可以知道 AWS 對公司的利潤有多大貢獻。

而且，亞馬遜的雲端服務價格低廉。他們的目標絕對不是把雲端服務經營成高收益的事業。靠低價抑止其他競爭對手加入雲端服務的戰場，就這一點來看這項服務創造的利潤可以說是非常驚人。

**在亞馬遜的現金流經營之下，AWS 龐大的利潤當然也不惜砸在零售部門的投資上。**

第一章提到亞馬遜零售事業最值得大書特書的就是「提供顧客壓倒性的服務」。支付年會費成為 prime 會員，就能無限制收看電影和電視劇以及收聽超過百萬首歌曲。照片儲存空間無上限，日本亞馬遜會員還可享有書籍和食品當日配送的服務。

這些大膽的服務，都是因為 AWS 有賺錢才能推出。把其他部門賺到的資金轉用過來，這是其他零售企業沒有的強項之一，這一點對亞馬遜的競爭對手而言也是個噩夢。

其實亞馬遜在二〇〇六年進軍雲端服務時，曾有投資人嘲笑亞馬遜竟然加入需要大規模投資的 IT 產業。實際上，現金流曾連續四年維持成長狀態，但在二〇〇六年開始減少，就是因為投資 AWS。然而，其結果卻使得亞馬遜成為 IBM、Google、甲骨文公司團結一致都無法打倒的雲端業界巨人。

## 亞馬遜的營收占比

2017 年 12 月期

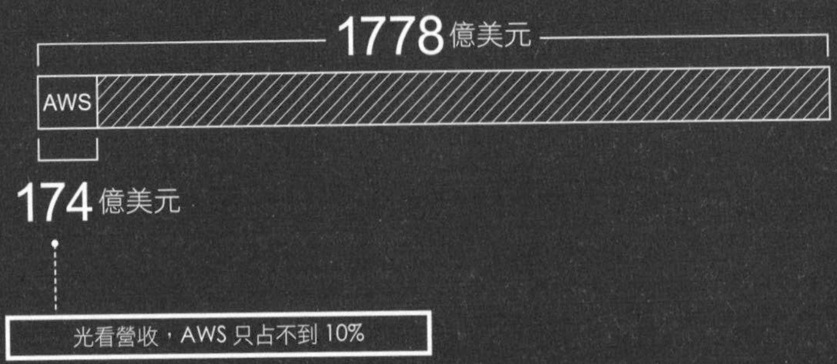


## 亞馬遜的營業淨利

2017 年 12 月期

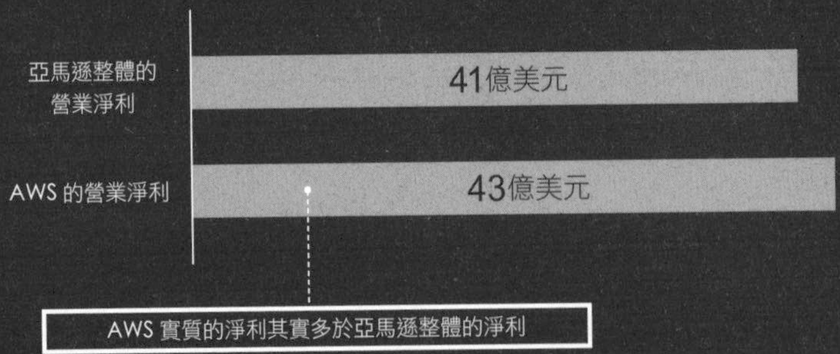

## 為自己公司開發的系統也能當成商品販售已經是常規

順帶一提，AWS本來也是為了讓亞馬遜的零售事業更順暢而開發的系統。

貫徹保密主義的亞馬遜始終裹著一層神秘面紗，但堪稱貝佐斯「參謀」的AWS負責人安迪．雅西曾在二〇一三年的《華爾街日報》上表示：「二〇〇〇年初期為了迅速拓展零售事業，我們就決定要打造基礎建設（系統的基礎）。在打造這樣的服務時，才想到應該對其他企業也有幫助。」

說到二〇〇〇年，就是亞馬遜股價大跌的那一年。然而，當時的亞馬遜為了處理訂單需要龐大的伺服器。將自用伺服器剩餘的處理能力提供給美國和英國的大型流通企業，就是這項服務的開端。而且雅西還在同一篇採訪中提到：「（至今）仍然不覺得零售事業已經完整了。」甚至宣言業界將會大幅改變：「AWS能夠涵蓋軟體、硬體、資料處理中心的服務，而這些服務將會成長到全球數兆美元的規模。」

這是二〇一三年的訪談內容，當時AWS營收還不到三十億美元，另一方面，零售事業的營收卻有六百億美元。然而，雅西在這個時間就已經提到AWS可能會追過亞馬遜的零售事業。

二〇一六年時，「可能」已經變成「確定」，他強調「AWS將會超越一千億美元規模的零售事業，成為亞馬遜最大的事業體。」（《日經商業》雜誌二〇一六年十二月二十六日號）雅西在官方的採訪場合說這些話，等於是斷言亞馬遜就是名副其實的雲端企業。

## 規模過大、成長率就會趨緩的原因

零售業界亞馬遜已經毫無敵手。這是因為出眾的現金循環週期和AWS的利潤，讓亞馬遜得以持續拿大量現金投資設備的成果。這一點其他公司絕對無法模仿。沃爾瑪、三越伊勢丹控股公司應該都辦不到。畢竟樂天持續積極投資零售事業，看樣子也很難縮短與亞馬遜之間的差距。

那雲端業界的情況如何呢？AWS的競爭對手，就是IT業界的泰斗美國微軟和Google。

據說全世界移至雲端的資料只有五%左右。也就是說，雲端事業還有九十五%是沒有人觸及的豐饒市場。具有膨脹二十倍的潛力。雲端市場的急速擴大，使得這三大企業展開鉅額的設備投資與價格競爭。

以微軟和Google兩大企業和亞馬遜做比較。兩大企業在二〇一四到二〇一六這三年之間共計為了雲端市場投資設備約五百二十億美元。這個金額是過去三年投資額的兩倍。

與各雲端服務的營收比較

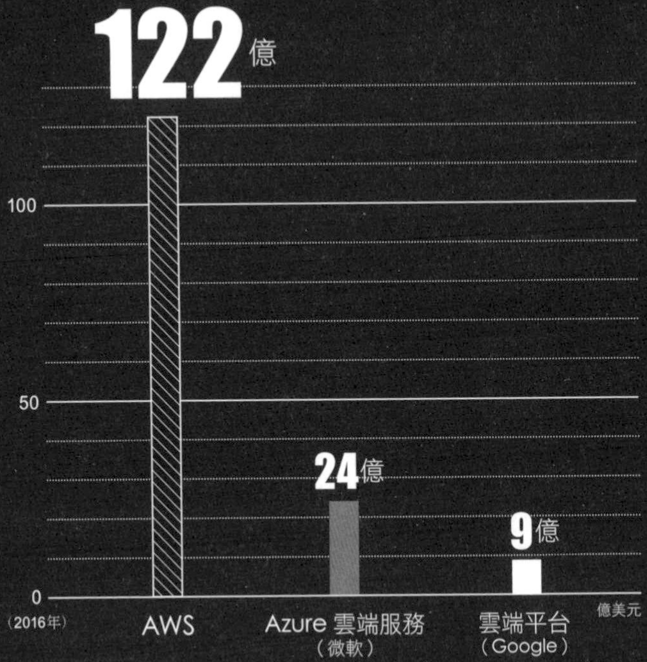


(2016 年實績，部分為推算)

業績擴展後，微軟的雲端服務「Azure」二〇一六年的營收約為二十四億美元，比前一年成長兩倍以上。Google的「雲端平台」也在二〇一六年營收突破九億美元。

根據德國銀行二〇一七年的試算結果，微軟和Google的雲端事業營收應該都會在往後兩年間成長兩倍以上。Google的母公司Alphabet，營收有八十八%來自廣告事業（二〇一六年）。不過該銀行預測，雲端事業可能早晚都會超越廣告事業。

然而，即便如此亞馬遜還是令人望塵莫及。

請看一四七頁。二〇一七年十到十二月期的AWS全球市占率約為三十五%。第二名到第四名的微軟、IBM、Google三間公司的市占率全部加起來，非常悲慘地仍然不敵一個亞馬遜。除了四大龍頭之外，阿里巴巴、甲骨文、富士通等雲端服務供應商，市占率都不到五%。

據部分報導指出，甲骨文公司有意打倒亞馬遜，但截至二〇一七年二月為止過去四季的設備投資額只有十七億美元。在雲端這個領域，亞馬遜猶如巨象，甲骨文公司則宛如螻蟻。

AWS的問題，或許就是亞馬遜在各個產業太過壯大。**亞馬遜靠零售和物流成為強大的企業，導致在各領域競爭的企業使用雲端時，出現避開亞馬遜的現象。**

就算亞馬遜的雲端服務再怎麼便宜，零售業界也會害怕自己公司的銷售資料流入強敵亞馬遜的手上。當然，亞馬遜應該不致於擅自使用客戶的資料，但如今亞馬遜收購全食超市，線上購物再加上實體店面使得存在感倍增，零售業者會想要和亞馬遜保持距離或許也是很自然的現象。

像沃爾瑪就已經建議往來的商家使用亞馬遜以外的雲端服務。

**接收這些動態的企業就是微軟。**誠如剛才看到的圖表，在雲端業界亞馬遜依然壓倒性地掌握三成以上的市占率，但其實成長力道已經看得出減緩趨勢。

美國市場研究機構 Synergy Research Group 指出，二〇一七年十到十二月期的市占成長率和去年同期相比，亞馬遜為〇・五%，微軟則是三%。

另外，十到十二期決算後，微軟的法人雲端事業營收為五十三億美元，而亞馬遜為五十一億美元。這並非單純計算微軟的 Azure 和 AWS 的營收所以很難比較，但微軟急起直追也是不爭的事實。

侵蝕各產業的「亞馬遜效應」的確仍在進行。然而，雲端領域反而因為亞馬遜過於強大使得企業敬而遠之，或許會因為「反亞馬遜效應」漸漸擴散，讓微軟也有勝算。

雲端業界的市占率

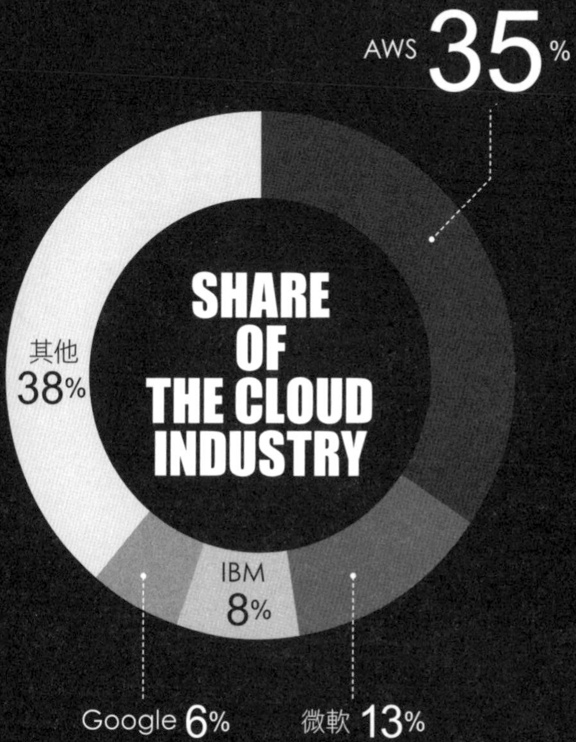
AWS 35%
SHARE
OF
THE CLOUD
INDUSTRY
其他
38%
IBM
8%
Google 6%
微軟 13%

## 亞馬遜最擅長應用規模經濟——位於世界各地的數據中心

接下來要帶各位看看 AWS 的本體——資料處理中心如何拓展。亞馬遜在全球擁有約五十三個資料處理中心。據說接下來還會再擴增十二個。以數量來說非常驚人。

二〇一五年的某篇報導指出，全球資料處理中心亞馬遜就占了四成。當時全球營運中的雲端伺服器超過一千萬台，二〇一八年這個時間點很可能已經成長一倍，因此現在亞馬遜的伺服器預計應該有八百萬台左右，不過針對這一點亞馬遜也沒有公布正確數據。超過全球資料處理中心的四成，到底需要雇用幾萬名工程師呢？單純想像這個數字也覺得很恐怖。

光是二〇一六年，就在全球各地新設十一個資料處理中心。隔年在法國巴黎和中國寧夏回族自治區也設立資料處理中心。二〇一八年預計在瑞典的斯德哥爾摩設立大規模資料處理中心。雖然沒有公布詳細內容，但預估會在斯德哥爾摩投入數億美元規模的投資。

資料處理中心的周邊稱為「可用區域（Availability Zone）」。區域內的使用者越多，資料處理中心內的伺服器台數就能增加，或者直接增設資料處理中心。除此之外，如果可用區域內有幾個大企業，伺服器的數量也會變多。能在大都市用這種驚人氣勢打造資料處理中心，就顯示出 AWS 的勢不可擋。

官方宣告自二〇〇五年開始「每天」都追加和 Amazon.com 同等處理能力的伺服器。當時年營業額約為八十四億美元。每天都追加這種規模的伺服器著實驚人。AWS 的普及就說明了雲端服務的急速擴展。另外，一個資料處理中心至少要消耗三十 MW（百萬瓦）。粗估大約是一萬戶一般家庭的耗電量。

除此之外，亞馬遜竟然在美國德州投資風力發電事業。這項投資十分符合亞馬遜風格的想法，一看就知道是為了提供 AWS 資料處理中心而生產電力。亞馬遜對外公布要將設備用電百分之百轉換成風力發電、太陽能發電等再生能源，二〇一六年年底已經達成四〇%。目前已經在印第安納州、北卡羅萊納州、俄亥俄州建設風力發電廠；在維吉尼亞州則建設太陽能發電廠，加上預計設廠的德州，大約能生產約二十四萬戶的家庭用電。**以目前狀況已經可以說是擁有加入再生能源產業的水準了。**

光是這樣還不足以為奇。**AWS 使用的伺服器和路由器、控制通訊的半導體也由亞馬遜自行設計，再外包製作。**恐怕在不久的將來，亞馬遜也會開始設計開發電腦的核心 CPU。

這些就是亞馬遜被稱為全球最大科技公司的原因。甚至超越了過去的 IBM、微軟、英特爾。**過去從來沒有一間公司，可以同時開發業務系統、基礎軟體、半導體、電腦本體。**

如今，電腦業界的相關人士都已經發現，亞馬遜真正的敵人不是出版社或書店，而是自己所處的電腦業界。書店或許會以文化設施的形式殘留下來。然而，完全靠功能和價格決勝負的電腦業界，可能只有亞馬遜能存活到最後。

成毛真的觀察
·04·

# 在世界各地持續增加的數據中心與虛擬貨幣之間的關係

由於雲端服務普及，全球各地開始出現資料處理中心，注意建設地點就會發現一件很有趣的事。多數資料處理中心都建在寒冷的區域。這並非偶然，而是有合理的原因。

雲端資訊處理密集時，伺服器會產生龐大熱能。因此，資料處理中心必須用空調控制溫度，如何降低用電量也成為一大課題。甚至有試算結果指出雲端服務的成本中，約有百分之五十花在電費上。

只要把資料處理中心建在整年氣溫都很低的地方，就能減少為電腦降溫的電費。

今後資料處理中心應該仍會繼續增加。資料處理中心的需求增加，其實也和網路上虛擬貨幣（加密貨幣）的挖礦（mining）風潮有關。

所謂的挖礦就是指第三方使用電腦，一邊解密一邊驗證透過區塊鏈進行的買賣或匯款等資料流程是否正確。挖礦需要多個伺服器處理資料，處理資料後則可以得到相應的虛擬貨幣做為報酬。

**因為挖礦需要龐大的電力，所以最近日本也有部分電力公司針對虛擬貨幣業者，提出電力零售的方案。**到目前為止應該能想像，電力公司已經看清今後的局勢。也就是說，大型電力公司總有一天會脫離單純供電的模式，發現由電力公司自己開始虛擬貨幣挖礦事業比較有利。

由於日本國內人口遞減，既有的電力銷售情況只會每況愈下，電力公司正紅著眼尋找新的收益來源。或許哪天日本最大規模的電力公司——東京電力控股公司，也會投入虛擬貨幣採礦事業。

## AWS也利用「為了顧客著想」的低價服務掌握霸權

AWS引發了一場雲端運算大革命。用價格更低廉的網路空間代替公司內部的伺服器和軟體，使得企業之間的IT世界一夕改變。

其他競爭對手也打算用低價策略來搶奪亞馬遜的市占率，但如前述所提到的，亞馬遜的武器就是壓倒性的低價。

據《日本經濟新聞》指出，亞馬遜主要提供的服務之一剛進軍日本時的價格約為〇．一四美元／一GB左右。現在則降到〇．〇二三美元，約為六分之一的價格。從這裡也可以看到，亞馬遜以「為客戶著想」的座右銘打遍天下無敵手的可怕程度。**亞馬遜掌握壓倒性的市占率後，更擅長和競爭對手拚體力。**

有試算資料指出，光是日本的雲端市場，往後四年會成長到一兆日圓的規模，大約是現在的三倍。雲端無疑是營養豐富的成長市場，但就現狀看來也不是誰都能成為贏家。

## 擁有自己的海底纜線

二〇一七年十一月，Softbank宣布將與電信公司等五大企業合作架設太平洋海底電纜「Jupiter」。預計二〇二〇年開始營運。這是一條自洛杉磯近郊途經千葉縣南房總市與三重縣志摩市最後連結至菲律賓，世界最先進的電纜。容量為六十TB。

除了Softbank之外的五大企業分別是NTT Communications、香港的電訊盈科有限公司、菲律賓的PLDT以及Facebook、亞馬遜。

Softbank等四大企業都是電信公司，所以可以說是本行，但對Facebook和亞馬遜來說，這就等於擁有自己的海底電纜。表示社群媒體和雲端服務的通訊量已經開始可以和電信公司匹敵，而且當這些公司擁有自己的電纜，就能省下過去支付給電信公司的費用，而電信公司的營收將會減少。

順帶一提，Google出資給二〇一六年開始營運的「FASTER」海底電纜，藉此獲得十TB專用的頻寬。

這並非亞馬遜第一次參與海底電纜計畫。亞馬遜早已投資並運用數個海底電纜網絡。以日本為起點來看，至少在韓國、澳洲、新加坡各有二條，北美則有四條海底纜線正在使用中。範圍幾乎已經覆蓋地球上的各大洋。而且這些電纜都具備冗餘量，就算其中一條電纜被漁船勾斷，使用者還是能繼續使用雲端服務。

目前日本企業已經沒有能力和資金建設如此大規模的網路和巨大的資料處理中心。就算有大型汽車公司、大型銀行，也只能老老實實地當個使用者而已。

chapter

# #04

# 何謂亞馬遜的「prime 會員」

# 「Amazon prime」的會員數已經到達國家規模

你是「Amazon prime」的會員嗎？付年費成為 prime 會員後，誠如前文所述，可以獲得多到不行的專屬服務。即便沃爾瑪試圖用較低價格開始提供類似服務，但這一點始終無法企及。

根據某調查公司推測，美國的會員數已經達到八千五百萬人。美國人口約為三億二千萬人，所以表示在美國每四個人就有一個人是 prime 會員。

另一方面，美國的總戶數為一億二千五百萬戶。也就是說，換算成戶數的話，全美六十八%的家庭中有 prime 會員。在美國，有四千四百萬可領用食物券的貧困人口，表示中階級以下的所得階層也漸漸加入 prime 會員。

不只美國，「prime 服務」還拓展到全球十六個國家。貝佐斯在二〇一八年四月寫給股東的信函中表示，全球的 prime 會員已經超過一億人。各國會員持續增加，就連二〇〇七年開始提供服務的日本也不例外。

那麼 prime 服務當初為什麼會誕生呢？這是模仿零售業龍頭好市多「會員制」的架構，一種先收會費再向會員提供服務的商業模式。

好市多超市在一個像批發倉庫一樣大的場地內，陳列量大到感覺像是批發用的各種商品。每款商品的量很大，但是因為價格便宜所以廣受歡迎，在日本也有展店。目前全球約有七百多間店鋪，日本也有二十六間店鋪正在營運中。

二〇〇一年貝佐斯和好市多的創辦人詹姆士．辛尼格（James D. Sinegal）面談，向他請教會員制服務的心法。據說他學到藉由提供專屬會員的服務，能夠獲得並增加對公司忠誠度高的顧客[6]。對零售業者而言，與客戶之間持續性的關係是重要資產，也是維持事業的生命線。然而，這項會員制的服務，不只獲得會員忠誠度，在金錢上也具有莫大意義。

**年會費必須先付費。對亞馬遜來說，等於是一年前就拿到這筆錢。**對於採用現金流經營的貝佐斯而言，這是絕對不容錯過的金脈。年會費一百一十九美元，共有八千五百萬名會員，光是美國國內就能先拿到一筆一百億美元的預付款。從這一點就可以了解，prime會員的擴充對物流中心等大型投資的機動性經營多麼有助益。

拿這些資金去拓展新服務、擴充數位內容、投資物流，吸引更多會員加入，就能產生資金源源不絕的良好循環。會員制服務就是現金流經營的一大助力。

6 《貝佐斯傳》（天下文化）。

## 先設定低價年費，之後再漲價

因為沒有正式公布，所以不清楚日本的prime會員數，有人推估三百萬名，也有人認為達六百萬名。不過，從日本的人口考量，亞馬遜應該認為會員今後還會持續成長。

Amazon prime的全球營收為一千七百七十八億美元（二〇一七年），其中美國就占了一千二百零四億美元，占全球的六十七%。

緊接在擁有大量會員的美國之後的各國營收為：德國一百六十九億美元、日本一百一十九億美元、英國一百一十三億美元。這四個國家合計營收占全球的九成。

日本的人口有一億三千萬人。這個人口數大約等於德國八千萬人和英國六千萬人的總和，考量日本發達的物流網，營收應該可以成長到德國和英國兩國家的總合金額，也就是現在的兩倍。

亞馬遜對日本市場的期待也如實呈現在prime會員的年會費上。美國為一百一十九美元（約一萬二千日圓）、英國為七十九英鎊（約一萬四千日圓）、德國則是稍微低一些的四十九歐元（約為六千五日圓），而日本是三千九百日圓，比德國更便宜。以全球價格來看，可以說是破盤價了。《東洋經濟週刊》[7]的報導中，統籌亞馬遜 prime 事業的幹部表示：「目標是打造『沒道理不加入 prime 會員』的狀況。」從這句話也可以看出，亞馬遜認為日本的 prime 會員還有很多成長空間。

自二〇一七年起，不只有整年的契約，還推出以月為單位（費用是每個月四百日圓）的方案，明顯能看出亞馬遜對日本使用者成長的期待。打造一個讓人可以輕鬆入會的架構，試圖一舉拿下「先加入看看」的族群。

美國剛開始的年會費也是三十九美元。**隨著會員數成長，二〇一四年調漲為九十九美元，二〇一八年則漲至一百一十九美元，日本應該也會階段性地調漲會費。**[8]金額從三千日圓開始，最後很可能會漲到一萬日圓左右。

美國年會費漲價後，會員不減反增，可見就算之後提升年會費，會員也不太會減少。

7 二〇一七年六月二十四日號。

8 日本 Prime 年費於二〇一九年漲為四千九百日圓。

亞馬遜 prime 會員的國別營收狀況

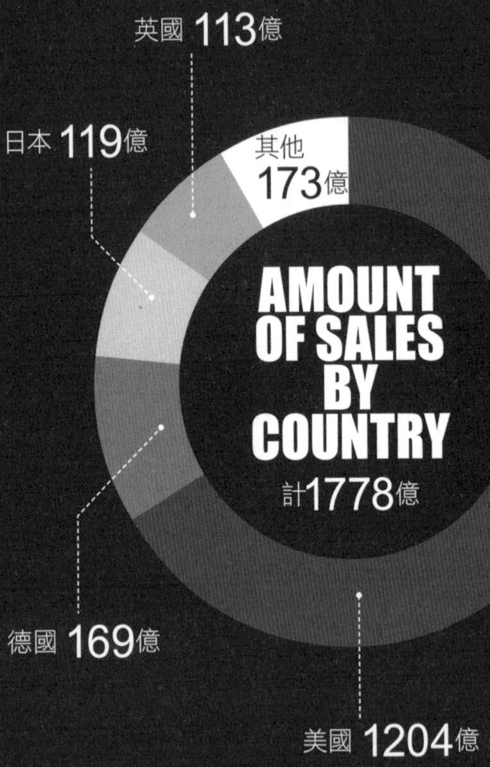


單位：美元（2017）

# 服務過剩是為了融入顧客的生活模式

以「為顧客著想」為宗旨的亞馬遜，最大的特徵就是在 Amazon prime 提供過剩的服務，**一旦加入會員，prime 內許多便利的功能就會讓人喪失取消會員的動機。**因此，亞馬遜才會準備如此豐富的數位內容。假設今天取消會員，就沒辦法繼續追已經看到一半的連續劇，無法收聽昨天聽的音樂，也不能看運動節目了。

只要成為會員就免運費，因此在亞馬遜購買商品的消費者越來越多。根據資料顯示，prime 會員的消費金額比非會員的亞馬遜使用者高出兩倍。

因為 prime 服務已經成為消費者生活模式的一部分，所以取消會員不只會影響使用線上購物的舒適度。一六三頁的表格大致統整了 prime 會員優惠。除了免運費之外，還可以用 Kindle 閱讀數百冊書籍、享有購買平板的折扣等優惠。還有部分區域提供二小時到貨服務以及用低廉價格購買尿布等日常用品的「Amazon Family」服務。

然而，讓會員數擴大、最受歡迎的服務就是日本二〇一五年九月開始推出的「Amazon Video」。這項服務在美國受歡迎的程度已經在前文描述過，「Amazon Video」是提供包含新上映電影等內容的串流媒體服務，會員可以免費觀看國內外電影和偶像劇。譬如電影《小小兵》、《男人真命苦》到動畫《機動戰士鋼彈》、《妖怪手錶》集結各種不同類型的節目。

從豐富的數位內容來看，光是使用動畫服務就已經很不得了。Hulu 的月費是九百三十三日圓；NTTdocomo 提供的 dTV 月費為五百日圓。prime 年會費為三千九日圓，換算成月費則是每個月三百二十五日圓。這已經是傲視群雄的低價。

以數位內容的數量來看，亞馬遜大概有數千支影片，而 dTV 則擁有超過十二萬支影片。然而，亞馬遜的強項在於充實的原創數位內容。

在美國，亞馬遜早就已經奠定數位內容製作商的地位。二〇一三年製作的戲劇《透明家庭》榮獲金球獎音樂及喜劇類最佳電視影集與最佳男主角獎。之後亞馬遜也致力於製作原創數位內容，現在以每年推出十五部原創電影的速度製作戲劇，目標放在拿下奧斯卡金像獎。

在日本，亞馬遜也提供人氣演員主演的戀愛與犯罪戲劇。演員陣容絲毫不遜於有線電視受歡迎的偶像劇。搞笑藝人松本人志監製的《Documental》是一個把搞笑藝人集中在密室內，然後逗這些人笑的獨特綜藝節目，播出一週就突破原創數位內容最長收看時間的紀錄。

除此之外，亞馬遜也致力於製作特攝片。二〇一六年在日本的 Amazon Video 發行第一號原創作品《假面騎士 Amazons》，現在已經成為續拍第二季的人氣之作。受兒童歡迎的數位內容也很充實。做到這個程度已經可以說是製片公司了吧！而且也很符合視聽大眾不再看電視的潮流。

## prime 會員專屬優惠

- ☑ 當日配送（急件）
- ☑ 可指定送達時間
- ☑ Prime Now（二小時內送達。僅限部分地區提供此服務）
- ☑ 電影、電視、動畫隨選隨看
- ☑ Kindle 數百冊書籍免費閱讀
- ☑ Kindle fire 等平板電子設備優惠價
- ☑ 亞馬遜外送服務（食品或日用品訂購　手續費：390 日圓）
- ☑ Amazon Family（尿布、嬰兒濕紙巾等產品享有 15% 折扣）
- ☑ Amazon Photos（照片存取無上限）
- ☑ 提早特價時段（可提早 30 分鐘訂購特價時段的商品）

亞馬遜本來就透過線上購物取得消費者購買 DVD 的消費履歷。當然能以此為基礎製作符合需求的節目。因為中間不插入廣告，所以不需配合廣告主的意見，也能製作一些實驗性的數位內容。

未來不只在 Amazon prime 提供數位內容，也可能製作電視用的原創內容。實際上，亞馬遜已經將衛星電視用的《蠟筆小新》原創內容，提供給朝日電視台。過去播映電視和電影的亞馬遜，很有可能反向將自己製作的原創內容賣給電視台。

應該已經沒有人把亞馬遜當作單純的「網路書店」，現在亞馬遜不只提供影劇、電影等數位內容，也開始擁有製作公司的實力。如此一來，亞馬遜可能也會威脅到紐約或好萊塢等製片公司。

如前述提到的，亞馬遜在美國拿到國民運動——國家美式足球聯盟（National Football League，NFL）二〇一七年度賽季的網路轉播權，可向全球付費會員提供賽事影片。二〇一六年度是由美國推特獲得轉播權，但根據當地報導，亞馬遜付出的得標金額為五千萬美元，約為前一年的五倍。總共轉播十場賽事，所以每一場的轉播權利金為五百萬美元。

雖說 NFL 在美國擁有壓倒性人氣，但一般電視和有線電視都會播映，並非壟斷型契約，這樣的金額確實是很驚人。除了 NFL 之外，亞馬遜也正在和美國的國家籃球協會（NBA）、美國職業棒球大聯盟（MLB）等其他主要運動團體洽談網路轉播權。

做到這個程度，要融入會員的生活模式可以說是易如反掌，而且也會讓會員消除退出的念頭。只要一直擁有會員身分，就會不小心在亞馬遜上購物。Amazon prime 其實就是這樣的系統。

目的不在線上購物而是看中影片和音樂服務的 prime 會員，今後應該會越來越多。

# chapter #05

# 從亞馬遜了解企業併購

# 先複習併購的優點吧！

在分析亞馬遜的併購情形之間，我們先思考一下何謂併購（M&A）。M 就是英文的 Merger 意指合併，A 就是英文的 Acquisition 意指收購。

併購的方式有很多種「買下併購企業的所有股票」、「與併購企業的股東交換股份，融合成一間公司」、「收購特定或所有事業」等。

日本的大企業股東數量眾多，相關企業之間也有互相持股的狀況，因此很難併購。然而，現在對象如果是創投企業，狀況就不太一樣了。創業者還年輕，大多是一個人擁有全部股份。對於創辦創投企業的經營者來說，想變成富豪的機會有兩種，一種是 IPO 也就是上市上櫃，另一種就是賣掉公司。也就是只要賣掉自己擁有的公司股份即可。

二〇〇八年至二〇一三年間，亞馬遜至少併購了 fabric.com、Book Depository 等六家獨自成立線上商城的零售業者。**對賣掉公司的創投經營者來說，併購是創業的出口，也就是獲得利益回收，而對亞馬遜來說則是消除未來的競爭對手，同時也買到專業知識與顧客。**

若想靠亞馬遜賺錢，或許可以找出亞馬遜還沒發現的商品，自己成立購物商城，培養到一定程度之後賣給亞馬遜。然而，現在幾乎已經沒有這樣具潛力的商品了。

亞馬遜截至目前為止，併購了大大小小超過七十間公司。然而，亞馬遜的收購標準非常嚴格，畢竟不可能憑感覺併購公司。

不過，亞馬遜經常把併購放入選項之中。據說過去還曾經考慮併購全球最大型的物流企業聯邦快遞（FedEx），令人非常訝異。

亞馬遜至今併購的企業中，最為引人注意的就是在線上販售鞋類的薩波斯（Zappos）以及遊戲軟體影音串流平台 Twitch 等網路企業。在這些過程中，二〇一七年收購全食超市，反而透露出稍微不同的意義。此舉或許會改變生鮮食品的業界。在提到這一點之前，我們先來看看收購全食超市的過程。

全食超市公司內部的狀況對這場併購有很大的影響。

併購金額為一百三十七億美元。在這之前最大宗的併購案是收購鞋類線上購物的薩波斯，當時的收購金額為十二億美元，這個金額對亞馬遜來說是非常高額的投資。從這一點也可以看出亞馬遜對全食超市的興趣有別於其他企業。

全食超市是經手很多有機食品的高級超市。宣稱商品不含添加物、人工色素或化學調味料。就形象來說，很接近日本的皇后伊勢丹或者成城石井生鮮超市。

全食超市在全美擁有約四百五十間店面。很多店面都在人口眾多的都會區。這些區域都是亞馬遜倉庫較少的地方。很多店面的面積寬廣，因為是超市所以理所當然備有冷藏和冷凍設備。非常有利亞馬遜進軍生鮮食品領域。

全食超市的執行長約翰．麥基把經營目標放在讓公司的相關人員都能幸福，和一般極端重視股東的經營方式大相逕庭。全食超市的業績不壞，雖然和前一年的盈收相比衰退二．五％，但也沒有出現虧損的狀況。成長有點趨緩，但能然屬於優良企業。

然而，二〇一七年四月避險基金取得全食超市的股份。和麥基執行長經營理念相反的人掌握實際經營權，強硬要求全食超市提出改善業績的解決對策。麥基執行長在亞馬遜收購全食超市之前，在《德州月刊》（Texas Monthly）的採訪中表示：

「在商業圈裡有一些反社會人格（Sociopathy）的貪婪之輩，欺騙大眾、藐視顧客、濫用員工，甚至把有毒廢棄物棄置在環境中。」

「這些傢伙想買下全食超市大賺一筆。我必須讓他們知道，我厭惡這樣的行為。」

從這裡就可以知道他對避險基金有多感冒。在那之後他便找了幾個企業談收購，唯獨和貝佐斯只花短短兩週的時間，就談定超過一兆日圓的收購金額。

亞馬遜並不是在提出併購案後才開始評估全食超市。據部分媒體報導，亞馬遜自二〇一六年就已經開始在評估收購全食超市。只是當時可以當作據點的店面太少，所以放棄收購。

或許是因為亞馬遜本來就曾經盤算著收購全食超市的效果，所以才能快速判斷。**即便還不確定是否收購，亞馬遜仍以壓倒性的資金為盾牌，時時評估可收購的企業。**這也是亞馬遜被譽為二十一世紀羅馬帝國的原因之一。

# 技術與實體店鋪融合的大型實驗開跑

收購和自己的顧客群類似的公司非常有利，因為可以獲得所有顧客的資料。摩根史坦利的資料指出，全食超市的顧客約有六十二%是亞馬遜付費服務的 prime 會員。也就是說亞馬遜和全食超市的顧客有共通性。

從亞馬遜收購全食超市這件事來看，應該是為了強化網購較不擅長的生鮮食品事業。因為生鮮食品最重視新鮮度，收購可以直接獲得管理專業知識以及和進貨廠商之間的信賴關係。亞馬遜可以不必建構新的生鮮食品流通網，直接沿用全食超市的模式即可。

在美國，個人花費在食品上的支出每年約為二・五兆美元，占個人支出的三十%。這項支出是所有項目中占比最高的。順帶一提，亞馬遜的網購起點是書籍，但這個項目占的比例很低。亞馬遜會想要拓展領域也是理所當然。

收購全食超市最大的原因，應該就是為了成功在實體店面販售食品而布局。

全食超市的併購案，關鍵在於「顧客資料」和「處理生鮮食品的專業知識」。

首先，我們從顧客資料開始看起。亞馬遜已經開始實體店面的實驗性販售。像是無人商店「Amazon GO」以及可以領取生鮮食品的得來速商店「Amazon Fresh Pickup」。然而，現階段亞馬遜還不知道自己線上的顧客會不會在實體店面購物。

不過，如果能比較全食超市的顧客都購買哪些商品，應該就可以克服這個問題。

另外，結合亞馬遜的資料後，預計也會產生銷售上的加乘效應。大家應該都知道，在網路上購物和在實體店面購物的形式完全不同。消費者在網路上會精準地購買自己想要的商品，而實體店面則經常出現「衝動型購物」（當然亞馬遜也會根據資料向消費者「推薦」商品）。如果有數據資料，應該就可以看出兩者的差異。

只要有顧客資料，亞馬遜不只能獲得今後推展生鮮食品店鋪的商品、陳列知識，在線上購物方面也能建構出讓消費者更容易衝動購物的架構。

除此之外，獲得「管理生鮮食品的專業知識」也很重要。這一點有助於強化物流網。亞馬遜也致力於將商品送到消費者容易取貨的地方。這是一種讓消費者不必等待宅配上門，在自己方便的時間去店面取貨的架構。全食超市約有四百五十間店面，把這些店面當成亞馬遜線上訂購後的取貨地點非常方便。目前幾乎所有店面都設有可領取亞馬遜商品的置物櫃。

prime 會員和全食超市的客群相同，所以這些顧客可以趁取貨的時候順便在全食超市購買食品。亞馬遜目前也已經提供 prime 會員全食超市的折扣與優惠。打造可以用亞馬遜帳號付款的系統也很有趣。進入二〇一八年後亞馬遜甚至開始提供讓眾多零售業者恐慌的服務

——prime 會員可以在兩小時之內收到全食超市的食品。

收購全食超市，讓亞馬遜得以開始融合累積多年的科技與實體店面，進行一場大實驗。

一九三〇年被譽為超市之父的邁克爾·庫倫，當時首創自助式服務為業界帶來一大衝擊，亞馬遜或許也會對生鮮食品業界造成相同的影響。

## 連不打算出售的企業也能收購

全食超市的例子是由全食自己提出收購，這算是特例。亞馬遜也曾經收購過不打算出售的企業。

最有名的例子就是收購專賣紙尿布和童裝等嬰兒用品的零售企業「Diapers.com」。Diapers 專賣過去因為體積龐大而被認為不適合做網購的紙尿布，業績一直不斷成長。因為該公司不使用統一大小的紙箱，而是根據訂單盡量縮小包裝的尺寸，藉此獲得成功。發現這一點的亞馬遜提議併購，但 Diapers 拒絕了。

之後，亞馬遜自己在二〇一〇年開始一項專為媽媽設計的服務「Amazon Mom」。《貝佐斯傳》一書指出「Amazon Mom 是為了打倒 Diapers.com，逼該公司出售而引進的計畫。」也就是說，這項新服務似乎是為了收購 Diapers.com 而開始的。

當時，Diapers.com 以四十五美元的價格販售幫寶適尿布，亞馬遜則將價格訂為三十九美元。而且，成為「Amazon Mom」的會員使用定期宅配的話則降到三十美元，已經堪稱異常低價。

從幫寶適製造商寶僑的批發價格和運費來計算，亞馬遜完全呈現虧損。據說光是「Amazon Mom」賣紙尿布的服務，三個月就出現一億美元以上的虧損。

亞馬遜這個戰略完全沒有要賺錢，只是為了讓 Diapers.com 舉白旗投降而已。招架不住亞馬遜的低價攻勢，Diapers.com 在同年以非常好的價格賣給亞馬遜。

## 只要現金充足，就連業績絕佳的競爭對手都能併購

亞馬遜在收購鞋類線上商店薩波斯（Zappos）時也用了一樣的手段。貝佐斯之所以想要收購薩波斯是因為消費者一致表示「很喜歡薩波斯」，顯示薩波斯品牌建立很成功。

薩波斯不僅免運費，還可以免費在一年內退貨。另外，也標榜無論多久都會和打電話來諮詢的顧客一直聊下去，據說最長時間為七個半小時。

如果公司內沒有庫存，工作人員會確認三家以上其他的網站，找到庫存就會告知顧客。薩波斯的態度獲得消費者的熱烈支持，所以有很多回頭客。

薩波斯自二〇〇〇年創業，不到十年營收就突破十億，被亞馬遜併購之後仍然持續成長，創業第十五年時，營收已經擴大到三十億美元。順帶一提，日本的 ABC Mart 營收約為二千四百億日圓（約為二十四億美元）。

ABC Mart 以原創品牌商品拓展，在日本的鞋業界擁有非常高的成長率，不過創業已經逾三十年了。比較之下，就可以知道薩波斯多麼受到顧客支持。難怪貝佐斯無論如何都想把薩

波斯買下來。

薩波斯拒絕了併購的提議，所以亞馬遜刻意投入一億五千萬的資金開設鞋類線上商店「Endless.com」。這是為了打倒薩波斯而開設的網站。和之前 Diapers.com 一樣，亞馬遜用更低的價格販售鞋類商品，而且提供薩波斯的高層幹部在收購後仍可獨立經營的破格條件，成功在二〇〇九年收購薩波斯。

薩波斯在被收購時已經是知名企業。亞馬遜面對這種對象也不擇手段、採取戰略，如果是體質不夠健全的中小企業，一旦商品被相中，就會在低價攻勢下瞬間被淘汰。

**從這兩個例子就能了解，只要擁有亞馬遜的服務能力和現金，無論什麼公司都能收購。**

# 日本的併購可能性

回顧亞馬遜過去的併購歷史，就可以預測接下來亞馬遜在日本的併購戰略。

物流公司最大的困擾就是之前提過的再次配送。大和運輸為解決再次配送的問題，於二〇一七年十月開始推出「宅配中心取貨服務」。若消費者從全日本四千個「宅配中心」中指定地點並自行取貨，即可以享有運費減免五十四日圓的優惠。

只要全食超市當作取貨據點的計畫順利成功，亞馬遜之後就會依循這個前例，將收購對象轉為大型百貨和綜合超市。

而且剛好碰上的零售店的店數過多，賣場面積必須削減的問題。全美有很多購物中心開始停止營業，從這一點看來問題顯而易見。

況且百貨公司和綜合超市可以設置試衣間，讓亞馬遜提供消費者留下喜歡的商品，其他則直接當場退貨的服務。利用店面的家具和雜貨打造吸引人的擺設，也能煽動消費者的購物欲。

當然，城鎮中無數的便利商店、食品超市和藥局都可以當作取貨據點。

營收日漸下滑的百貨公司、綜合超市與亞馬遜之間的利害關係一致。即便亞馬遜在日本收購大型百貨公司或綜合超市、便利商店，也沒什麼好覺得奇怪的。

## 亞馬遜併購企業一覽表

| 企業名稱 | 事業 | 收購金額（部分為推估金額） | 收購年份 |
|---|---|---|---|
| Whole Foods | 食品販售 | 137億美元 | 2017 |
| Zappos | 鞋類線上商店 | 12億美元 | 2009 |
| Twitch | 遊戲 | 9億7000萬美元 | 2014 |
| Kiva Systems | 倉庫內的機器人配送 | 7億7500萬美元 | 2012 |
| Souq.com | 中東最大的網購企業 | 7億美元 | 2017 |
| Quidsi | 嬰兒用品的網購企業 | 5億5000萬美元 | 2010 |
| Elemental Technologies | 影像處理 | 5億美元 | 2015 |
| Annapurna Labs | 以色列的半導體開發 | 3億7000萬美元 | 2015 |
| Audible | 有聲書 | 3億美元 | 2008 |
| Alexa Internet | 資料庫（利用網路追蹤之技術） | 2億5000萬美元 | 1999 |
| Goodreads | 書評社群網絡服務 | 1億5000萬美元 | 2013 |

**成毛真的觀察**

**·05·**

# 其實亞馬遜的做法和一九八〇年代日本的大企業一樣

應該有很多人聽說過，日本的企業和海外企業相比「收益性很低」。也就是說，很少有企業可以獲得符合規模的利益。

其原因雖然有很多，但最常被提到的就是經營模式太老舊。簡而言之，不少評論家指出，日本企業大多重視營收和市占率，沒有把獲利當成經營目標。經濟環境明明就出現大幅轉變，很多日本企業仍然抱持著「規模越大越好」這種高度經濟成長期時代的態度面對二十一世紀。因此，最近開始有企業試圖改變這種態度。

然而，事情真的是如此嗎？看到亞馬遜的成功之後，就會讓人不禁反省，重視市占率難道真的是「壞事」嗎？

亞馬遜對市占率的重視，可以說是完全不計成本。就算賣越多賠越多，只要能淘汰競爭對手，之後就能掌控整個市場，所以會出現不是你死就是我亡的極端結果。面對 Diapers 和薩波斯，亞馬遜也是抱著虧損的決心，以低價攻勢打到對方舉手投降為止。

如果只是泰然執行這種策略，亞馬遜整體也不會有利潤。即便如此，亞馬遜仍然是全球市值數一數二的企業。也就是說，亞馬遜就算沒有創造出利潤，投資人仍然看好亞馬遜的經營戰略。

日本企業在一九八〇年代憑藉對市占率的重視，席捲電子業界。靠壯大規模得以低價提供商品，也因為低價賣得更好。譬如用在電腦上的半導體，全前十大企業半數以上都是日本企業。

也就是說，日本企業並不是因為重視市占率、重視營收導致成長停滯。重點在於看出哪個事業正在成長，如何提供符合該領域顧客需求的商品。亞馬遜等於是在告訴日本企業欠缺商業本質上的觀點。

# chapter #06

# 以巨大的倉庫與配送能力掌控物流

# 以巨大的倉庫與配送能力掌控物流

說到亞馬遜就不得不提「物流」。之前已經提到，對亞馬遜來說，物流就是和其他公司拉大差距的一項「服務」。本章將會針對亞馬遜的物流仔細說明。

美國的物流業有聯邦快遞和 UPS 兩大巨頭。各位只要把聯邦快遞想成佐川急便；把 UPS 想成黑貓宅急便就可以了。兩大企業在全球擁有約四千個據點，每天可以處理數千萬件包裹。

聯邦快遞主要客群為企業，而 UPS 的主要客群為個人。UPS 掌握近九成的市占率。

在美國，亞馬遜已經成為這兩大企業的威脅。亞馬遜截至目前為止一直在擴充寄送自家商品到顧客手上的物流網。**然而，從建構的物流網看來，亞馬遜今後勢必會跨足物流業。**

尤其是近幾年亞馬遜物流的強化非常顯著。為運送商品採購四千多輛大型聯結車。日本的宅配龍頭大和控股公司的中型貨車和大型貨車共計約有三千八百輛。雖然有國土面積的差異，但從這一點就可以看出亞馬遜對物流的熱情。

四千輛聯結車只是序幕。亞馬遜不只擁有陸運能力，甚至還有空運設備。也就是說，亞馬遜擁有自己的飛機。

亞馬遜向貨物航空公司長期租賃波音七六七。為了將商品寄送到電商網站的顧客手上，於二〇一六年八月使用「Amazon One」這架飛機開始送貨。截至二〇一七年二月為止，亞馬遜擁有十六架貨物用飛機。而且對外發表，將階段性地增加租賃貨機至四十架，數量是現在的二．五倍。

貨機的長期租賃費用，據說每架月租金為五十到七十萬美元。假設租金為六十萬美元，現在每個月支付的租賃費用九百六十萬美元，四十架飛機的月租金則高達二千四百萬美元。用飛機空運貨物，就需要機場這個據點。亞馬遜甚至想要擁有自己的機場。

二〇一七年一月亞馬遜對外公布，目前正在規劃第一個航空貨物物流中心。物流中心預計建在辛辛那提的北肯塔基國際機場內，面積為十八萬五千平方公尺，大約是四個東京巨蛋的大小。

雖然亞馬遜沒有公布物流中心的開幕時間，不過這個專案預計投資十五億美元，一旦落成大約可創造二千多個工作機會。

# 跳過出口仲介業者，展開海上運輸事業

亞馬遜打算使用這個機場內的物流中心和飛機，規劃一項服務，提供給專為在亞馬遜上架的中國企業。

在中國，因為政府的規範，企業很難販售美國的商品，所以商品銷售的流向都是從中國賣到美國。把中國生產的商品運到美國、日本或歐洲等地，有助於顧客的事業成長。

亞馬遜有專為中國零售企業架設的網站。雖然現在只提供亞馬遜上架用的服務，但是擁有自己的貨機，就代表野心不只是補足零售業者在亞馬遜上架的物流功能而已。由此可知，亞馬遜意圖進軍物流業，就是讓其他競爭對手戰戰兢兢的原因。

順帶一提，亞馬遜已經開始進行海上運輸業務，運送中國業者在美國亞馬遜網站上架的商品。

這表示亞馬遜不只開始陸運業務還跨足海運，不過目前並沒有自己的船隻。亞馬遜在中國和美國之間有經營一項稱為 NVOCC 的事業。

NVOCC是「Non-Vessel Operating Common Carrier（無船承運人）」的簡稱。NVOCC自己沒有運輸機構，而是使用其他公司的船隻運送貨物。

海上的運輸需要辦理通關、文件手續、確認船艙空間、港口到倉庫間的運輸等各種業務。NVOCC就是負責處理這些工作的單位。亞馬遜憑藉著高端的IT技術處理這些繁瑣的工作。因為沒有自己的運輸機構，反而可以選擇最適合的運輸路徑，這也是優點之一。

在此稍微離題一下。Common Carrier原本是指擁有蒸汽船的的海運業者。雖然現在海運業界仍然使用這個詞，但最近反而指的是通訊業界中擁有通訊設備的大型電信業者。以日本來說就是NTT集團（東、西）、KDDI、Softbank這三大業者。

與海運相同，通訊業界也有很多企業沒有自己的設備，而是向Common Carrier租借線路展開事業。這些企業稱為虛擬行動網路電信公司（Mobile Virtual Network Operator，MVNO）。譬如LINE mobile、QU mobile、DMM mobile都屬於虛擬行動網路電信公司。

亞馬遜藉由進軍海運，就能讓在亞馬遜上架的中國企業，從運輸階段開始就完全委託亞馬遜。不僅可以省下海運的複雜手續，還能降低成本。

不僅如此，亞馬遜自己也能用更低廉的價格，向美國消費者提供從中國廠商採購的商品。因為亞馬遜可以跳過出口仲介業者這一關。

另外，亞馬遜擁有電腦相關的自創商品，很多都在中國生產製造。自己包辦運輸可以降低成本，以更低廉價格販售自有品牌的商品。

亞馬遜現在雖然是以NVOCC的角色經營海運，但運送量增加後，如果判斷自己擁有船隻會比較划算的話，亞馬遜應該就會這麼做了。如同之前看到的，亞馬遜為了以低廉的價格將商品送到顧客手上，可以說是不擇手段。這就是亞馬遜的特質。

**亞馬遜之所以不斷強化運送能力，是因為配送費用的增加。**美國的宅配業界中，UPS在個人宅配這個領域掌握將近九成的市占率。已經屬於寡占企業。因此，線上購物網站等眾多業者只能強忍偏貴的運費。

亞馬遜的勢力擴大，配送費用也年年增加。二〇一四年度超過一百億美元，二〇一五年度甚至逼近一百二十億美元。也就是說，亞馬遜光是配送費用，每年就支付超過一兆日圓。

順帶一提，一兆日圓等同於日本最大規模的大和運輸配送事業的規模。亞馬遜一直支付等同一個事業規模的運費，可知負擔有多麼龐大。配送費超過亞馬遜營收的一〇%，因此減少配送費用便成為亞馬遜的首要課題。

## 掌握最後一哩路就能掌握物流

前文提到亞馬遜憑藉聯結車和飛機建構出氣派的物流網，但說到亞馬遜的物流，關鍵就在於「最後一哩路」。

最後一哩路指的是從距離消費者最近的物流倉庫到消費者家中的最後一段區間。本來這是通訊業界的用語，意指基地台連結到使用者建築物的區間，最近這個意思也被物流業界拿來用了。

電話線是物理性的電線，必須從基地台連結到使用者所在的建築物。物流的最後一哩路也和電話線一樣，必須物理性地連結兩端，所以需要數千處的配送中心，也必須雇用數萬名司機。當然，能做到這些的企業屈指可數。

**物流業界中，這最後一哩路的費用最為龐大，所以關鍵在於能否削減這個部分的成本。**

亞馬遜正為了這最後一哩路，不斷重複實驗。

首先，美國亞馬遜在二〇一一年秋季開始推出「Amazon Locker」。在購物中心等據點設置宅配櫃，在這些地方可以領取訂購的商品。

另外，自二〇一五年二月起，亞馬遜在大學附近紛紛設立有服務人員的取貨據點。只要是「Amazon prime」或大學生版的 prime「Prime Student」會員，當天晚上十點前訂購，就可以免運費並且在隔天取貨。

二〇一五年九月還開始營運像 Uber 一樣的配送系統「Amazon Flex」。

除此之外，也有尚在實驗階段的服務。譬如在矽谷營運幾個小規模的倉庫，讓顧客能領取食品。這個取貨倉庫現在是只對員工進行實驗性服務，只要事前在網路上訂購並指定時間，前往店面時工作人員就會把訂購的商品裝袋，將商品直接搬到後車箱。

最後一哩路最重要的關鍵就是物流倉庫。這道理非常簡單，倉庫離顧客越近，商品就能越快送達。尤其是面積寬廣的美國，就更是如此了。

一九九七年首次公開募股時，亞馬遜只有一個大型的物流中心。二〇〇八年擁有超過二十個物流中心，二〇一五年則突破八十個物流中心。《物流致勝》一書指出，當初美國亞馬遜的物流中心位於距離消費者數百公里處，現在基本上大多設置在一百公里以內。亞馬遜藉由這個方式，降低最後一哩路的成本。物流中心越靠近，卡車行駛的距離就會縮短，可以來回好幾趟，能配送的貨物也會增加。

投資銀行 Piper Jaffrey 指出，現在美國四十四%的人口都生活在亞馬遜相關設施的二十英里（約三十二公里）以內。國土如此遼闊的美國，竟然有將近半數的人都在三十二公里以內生活，這一點非常驚人。更別提二〇一〇年時只有五%的人口居住在這個範圍之內。

## 與物流業者的往來

除了提高倉庫的效率，針對物流層面，亞馬遜最大的改革就是重新評估物流業者。自二〇一一年起，亞馬遜就開始脫離「對UPS的依賴」。

在美國，UPS的個人宅配非常強大。亞馬遜當初也曾使用UPS，然而二〇一三年時，亞馬遜約七億個美國境內出貨包裹，掌握三十五%最高市占率的並不是UPS，而是USPS（美國郵政署）這個組織。UPS則是占次等的三〇%。

USPS的沿革就像日本郵政一樣，但在美國的評價非常差。因為他們的服務能力很差。然而，亞馬遜卻讓USPS成為最大宗的配送廠商，而且讓USPS也能實踐在美國只有UPS和聯邦快遞能做到的週日及假日配送。這一點為業界帶來莫大震撼。

亞馬遜為什麼能夠做到這個地步呢？物流最大的負擔就是倉庫內的理貨工作。其實，亞馬遜接收了理貨的工作。USPS只要負責運送分配到的貨物，負擔大幅減輕，所以週日、假日也能配送。

另外，亞馬遜也積極運用當地的配送公司來推行當日配送的服務。除此之外，也會用自家的聯結車，把商品從距離顧客較近的物流中心，送到距離更近的當地配送公司。

自二〇一五年起，亞馬遜就已經在洛杉磯、芝加哥、邁阿密等大都市，開始自行配送prime會員的免運費商品。當然，這項服務所使用的卡車也都是亞馬遜自己管理的車輛。

此時，亞馬遜也展開針對少部分顧客提供透過亞馬遜送貨的集貨服務。這是一項實驗性的服務，將紙箱和包裝材提供給顧客，希望顧客能使用亞馬遜的宅配服務。這是為了讓卡車從配送地回到倉庫時不要空車回來，提高載貨的效率。

為了脫離UPS，亞馬遜就這樣藉由重新審視物流據點的位置、包辦部分工作一步一步推進。因為自己開始建立物流網，獲得和運輸公司之間交涉價格的能力。

亞馬遜表示「會跨足物流業，只是為了補充在聖誕節等高峰期的配送能力」，但物流業界沒有人相信這種說法。

部分報導指出，亞馬遜公司內部將物流網的擴充稱為「吞噬都市的計畫」。亞馬遜似乎正在打地基，以便建構足以對抗物流龍頭的運輸事業。

彷彿在佐證這項計畫似地，取貨服務「Amazon Locker」有減少的傾向，亞馬遜和小規模運輸公司之間的交易也正在縮減。

由此可知，在物流業界的亞馬遜威脅論儼然已經成為現實，就像當初亞馬遜重新改寫零售業界版圖一樣。

## 終於展開自家公司以外的配送業務——SWA

二〇一八年二月亞馬遜公開正在準備「Shippng with Amazon（SWA）」的服務。這是一項代表亞馬遜即將開始提供其他企業配送服務。從各企業手上集貨，再配送到顧客手上。

如前述提到的，亞馬遜在美國已經開始自己送貨。SWA可以用其他企業的貨物填補配送時產生的多餘空間。

目前和亞馬遜購物網站的上架業者一起在洛杉磯展開實驗，預計在二〇一八年內拓展到其他城市。**運費比UPS和聯邦快遞便宜，試圖以價格抓住顧客。**

剛開始限定只收亞馬遜上架業者的貨物，未來預計也會提供其他業者配送服務。美國媒體一片譁然，認為亞馬遜想藉由SWA對抗UPS和聯邦快遞，故正式進軍運輸業。

然而，物流專家對這樣的論調抱持懷疑的態度。既有的宅配龍頭業者，耗費數十年才能打造物流網。前文提到過很多次，尤其是最後一哩路特別困難，想打造完整的運輸網並不容易。聯邦快遞至今仍每年持續投資五十億美元。亞馬遜接下來才要與之對抗，需要耗費龐大的時間與金錢。

亞馬遜是否能成為凌駕 UPS 和聯邦快遞的業者，其實很難說。或許亞馬遜自己也不知道接下來該怎麼拓展物流事業，甚至不知道有沒有這樣的構想。

畢竟亞馬遜拓展物流網的出發點，只是為了讓自己的商品更快送到顧客手中。SWA 也是因為卡車有多餘空間，所以順便送其他企業的貨物。目的不在搶奪 UPS 和聯邦快遞的市占率。**亞馬遜只是為了讓商品更快送達，所以不斷建設物流中心、自己準備貨機並且在都會區開始自行配送貨物。**

話雖如此，自行配送貨物的規模如果擴大，卡車的數量也會增加。閒置空間的總量自然也會增加，如此一來處理其他企業貨物的量也會變多。

亞馬遜目前正在商討以自行配送的方式增加配送時間，補足過去運輸公司無法對應的時段。若能成功實踐，或許未來 SWA 也會使用相同的方式。

相較於既有的宅配企業，費用更低廉、配送時段更靈活，對委託宅配的企業來說，應該會積極運用亞馬遜的服務。無論亞馬遜是否刻意為之，在宅配業界的市占率的確會提高。這就是亞馬遜可怕的地方。

## 為何在日本無法擁有自己的物流

亞馬遜尚未在日本建立自己的物流網。這是因為日本宅配業界高水準的服務品質。如前述提到的，力量不足就無法打造物流的最後一哩路，因此從營收來考量，日本市場的物流交給日本的物流公司比較划算。

全日本各處都可以做到隔日送達，還能指定送達時間。雖然國土面積有差距，但這可以說是在美國無法想像的優良服務。

**如果服務品質比單價還高的話，便毫不猶豫地選擇委外，覺得不划算的時候就自己來。這就是亞馬遜的特質。**

無論日本還是全球的每個國家都沒有公布亞馬遜的貨物個數。根據東洋經濟線上新聞的推測，日本亞馬遜的貨物個數在二〇一六年應為四億個。其中的六十五%也就是約二億五千萬個貨物由大和運輸負責。這個數量約占大和運輸整體處理量（當時為十六億個）的十五%，對大和運輸來說亞馬遜就是最大宗的客戶。

然而，亞馬遜對大和運輸而言絕對不是好「客戶」。雖然不清楚兩間公司之間有什麼樣的協定，但對大和運輸來說營收雖然提升，扣掉人事成本和必要經費之後實質的利潤很少。也就是說，完全是採薄利多銷的商業模式。亞馬遜雖然是大宗客戶，但交易的損益平衡已經到達極限。大和運輸在二〇一七年春天，決定從亞馬遜的當日配送服務退出，其他服務則要求漲價。

據說大和運輸給亞馬遜的運費落在二百八十日圓左右，這是大和運輸平均價格的一半。大和運輸和亞馬遜最後達成協議將運費調整至四百日圓。如此一來，至少每件貨物要漲價一百二十日圓。以二億五千萬個貨物（現在數量應該更多，但這裡先用這個數字概算）計算，等於增加約三百億的運費。雖然日本亞馬遜的營收超過一兆日圓，但這項成本增加的確是很頭痛的問題。其實，大和運輸二〇一七年三月的季報告顯示這季主要事業收入的營業淨利，和前一季相比縮減了一半。

業界排名第二的佐川急便，在二〇一三年就結束與亞馬遜之間的合約。因為在前一年，公司經營方針就從重視營收轉為重視淨利，所以開始向貨主進行漲價交涉。**亞馬遜沒有答應漲價的要求，佐川雖然失去大客戶，但整體營業淨利率卻獲得提升。**

根據日本國土交通省的調查，二〇一五年度日本的貨物量約為三十七億個。三十七億這數量表示日本每天都有一千萬個貨物流通。每年都會比前一年度增加一億三千一百一十四萬個貨物，今後應該也會持續增加才對。因此，物流業面臨司機缺員造成再次配送負擔加重的問題。

大和運輸的營業淨利

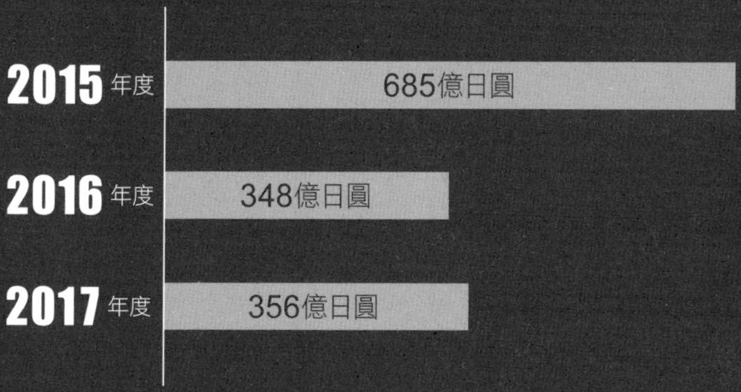


佐川急便的營業淨利

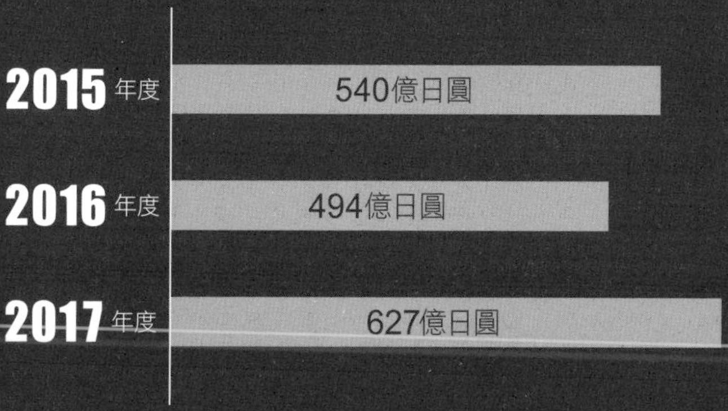


單位：日圓（億以下無條件捨去）
圖表顯示大和控股與 SG 控股的數值

大和運輸時隔二十七年才對亞馬遜以及一千個大宗顧客提出調漲基本費用的要求。佐川急便、日本郵政也都採取漲價的方針。由於大和運輸漲價，nissen 集團也調漲運費，「ZOZOTOWN」服飾購物網則取消當天配送的服務。

業界內有傳聞指出大和運輸將一千個大宗顧客分成A到D四個等級進行交涉。A是屬於漲價也不划算，應該立即終止交易的等級。亞馬遜屬於次等的B級，表示屬於必需要求大幅調漲的等級。

大和運輸不只調漲運費，甚至提出減少宅配本身處理量的方針。亞馬遜面臨需要徹底重新思考日本物流戰略的時候。

雖有報導指出業界第三名的日本郵政將補足亞馬遜的空缺，但日本郵政的貨物處理總量約為七億個。從該公司的運輸網等運輸能力，如果說要處理大和運輸負責亞馬遜的二億五千萬件貨物，的確有點困難。二〇一七年度日本郵政的處理數量增加到八億七百五十八萬個，亞馬遜仍然必須委託大和運輸，只能吞下大和運輸調漲的條件。

話雖如此，從美國亞馬遜的動向考量，今後很難繼續配合大和運輸提出的收費系統。大和運輸此舉等於是給亞馬遜自行配送的動力。今後亞馬遜應該會暫時接受大和運輸的調漲，開始正式在日本打造自己的宅配網。

# 下訂單後一小時內送達商品的架構

前文提到，亞馬遜在日本基本上沒有自己的物流網，但其實也有例外。那就是在訂購後最短一個小時以內送達商品的「Prime Now」以及部分「當天配送」等服務。這是一種配合顧客生活時間的新型態物流。對消費者來說是非常便利的服務，究竟是如何實現的呢？

和美國一樣，日本當然也對最後一哩路付出很大的心力。亞馬遜應該一開始在日本提供服務時就已經參考美國的案例，預計未來不再使用大和運輸。「Prime Now」和大和運輸打算撤退的當天配送服務，亞馬遜都已經採用其他的配送網執行。

實際上，大和運輸提出要撤離當天配送的服務時，亞馬遜非常冷靜。亞馬遜已經安排好，截至二〇二〇年為止首都圈內會有一萬名個人運輸業者可供調動。

這項計畫透過向經手網路超市等宅配業務「桃太郎宅急便」的丸和運輸機構委託業務得以實踐。丸和運輸整合了個人運輸業者。接下來，首都圈以外的大都會區配送業務，也會透過組織個人運輸業者實踐。

亞馬遜除了既有的倉庫之外，在都會區開始建立 Prime Now 專用的配送據點。二〇一七年十一月時，Prime Now 專用的據點總共有五個。分別位於東京、大阪、神奈川。

東京都豐島區的 Prime Now 據點位於住宅區，外觀像個小型事務所，體積比一般倉庫小很多。這座倉庫中的庫存運用交易資料庫，只擺放各種顏色尺寸的商品中賣得最好的款式。

另外，商品並未集中在一個貨架上，而是分散放置。因為據點狹窄，為了防止多個工作人員理貨時需要取同一個商品而降低作業效率，所以下了很大的功夫在細節上。

# 也是物流倉庫內的平台先驅

雖然物流的最後一哩路非常關鍵，但倉庫中的系統也一樣重要。有效率地將倉庫中的商品出貨，對物流來說是很大的負擔，也是重要的技術。

亞馬遜的倉庫使用「KIVA」這個機器人系統。亞馬遜在二〇一二年用八億美元左右的價格收購了 Kiva Systems 這間公司。因為亞馬遜想在倉庫內使用 KIVA 這個機器人系統。藉由採用機器人讓亞馬遜朝配送中心自動化邁進一大步。

在導入 KIVA 之前，都是由人工理貨，但倉庫太大已經無法靠人工完成這項工作。工作人員每天的移動距離最遠達三十二公里。

KIVA 類似掃地機器人「Roomba」，是一台橘色的機械，代替人類在充滿貨架的倉庫內移動，可進入貨架下依序挑出商品並送到理貨區工作人員的手上。

藉由導入 KIVA，以前理貨員要用推車推數個小時才能完成的理貨工作，幾分鐘就能搞定。全球預估有十萬台 KIVA 正在運轉中，日本神奈川縣川崎市的物流倉庫也有導入這項系統（二〇一八年九月大阪府茨木市開設第二據點，並導入本系統）。

順帶一提，亞馬遜使用 KIVA 還有另一個原因。

除了亞馬遜以外的其他倉庫，大多採用「自動倉庫」這種巨大的裝置。這是為了讓倉庫自動化，使用起重機和輸送帶等自動運輸機器與電腦連結的系統。打造倉庫時通常都會導入這套機械。

然而，亞馬遜的倉庫本來就採用 Free Location 的系統。商品放在哪個貨架（Location）都可以。這是一種讓電腦記住所有商品位置的方法。

一般自動倉庫通常都會把固定商品放在固定貨架。如果是百科全書，就會從第一冊到第十冊依序全部放在同一個貨架上。然而，亞馬遜的百科全書第一冊旁邊放的可能是小說或雜誌，按照來貨順序分別堆放，再讓電腦去記憶商品的位置。如此一來，數量龐大的商品不需要都放在固定的位置，也不會浪費貨架空間。

取出商品的 KIVA 機器人，只要執行電腦下的指令「取A列三十一號貨架上的一個商品」即可。

自動倉庫的缺點就是必須決定每個產品的位置，採用 Free Location 系統只要騰出空間，把商品放進去，再讓 KIVA 負責理貨即可。因此，貨架不需要刻意製作成符合商品的尺寸。除此之外，採用 Free Location，當出現新產品和報廢品時也不需要重新審視貨架配置，可以輕鬆換成其他商品。非常適合亞馬遜這樣商品數量多、汰換率高的企業。

也就是說，亞馬遜的倉庫只要有一座建築物，不需要「自動倉庫」這種巨大的裝置也可以馬上開始營運。搭配 Free Location 和 KIVA 系統，就可以免除輸送帶和自動理貨裝置等機械維修的麻煩。

另外，二〇一二年收購 KIVA 時，亞馬遜祭出非常可怕的一招。那就是不讓過去曾導入 KIVA 機器人系統的企業續約。也就是說，其他公司已經不能使用 KIVA 的服務了。

亞馬遜收購 KIVA 之後，便開始加速機械手臂的研究開發。收購 KIVA 的目的當然是在於提升自家倉庫的效率，但也隱隱透露出亞馬遜進軍倉庫機器人領域的野心。

chapter

# #07

# 如何成為平台之王？

# 在業界出擊，最重要的就是成為平台供應商

Google、Apple、Facebook 以及 Amazon 這幾個並稱為 GAFA 的企業的社會影響力非常驚人。它們不只是新興科技公司，這四家企業的共通點就是「平台供應商」。

平台供應商的原始定義為「企業提供第三人從事商業活動的基地（平台）」，**強大的平台供應商可藉由高市占率，自行決定業界的規則。**譬如石油就是這樣。日本只有四間大型公司銷售石油，故業者能自由決定石油的價格。因此，加油站的石油價格會浮動。

在平台供應商掌控的地點交易，就必須遵守平台供應商訂的規則。當然，這些規則都對平台供應商有利。也就是說，成為平台供應商是最重要的關鍵。

從亞馬遜豐富的商品品項、商城上架廠商眾多，就能知道為什麼亞馬遜能以平台供應商的身分掌握規則。

**想建立支配其他企業的地位，只能運用「網絡效應」。**

「網絡效應」就是早期在美國電信公司可以看到的經濟效應。

## 網絡效應

A 公司

A 公司只能和 999 人通話

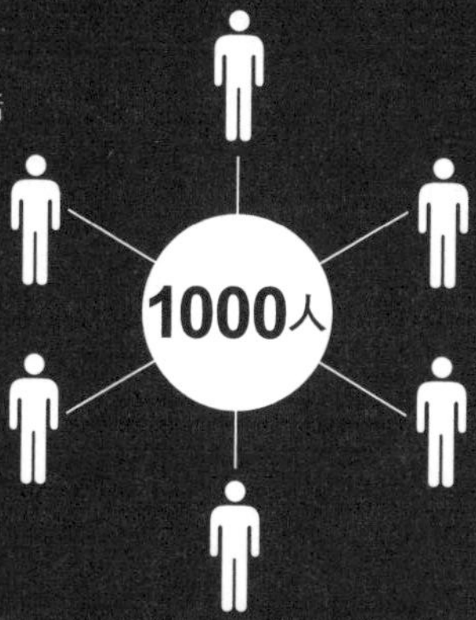


B 公司

B 公司能和 4999 人通話

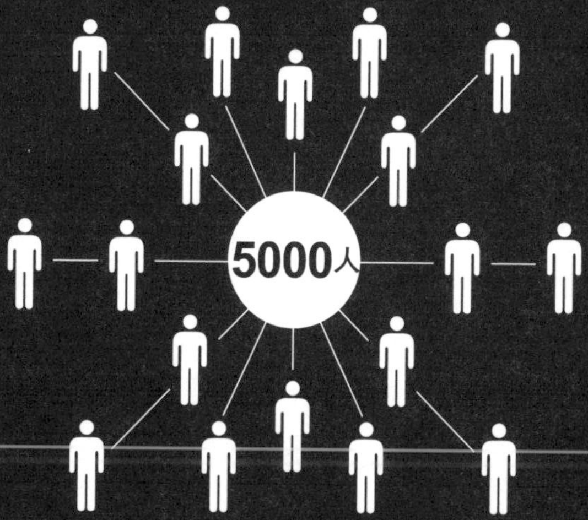


B 公司的價值較高

假設二十世紀初期只有二間電信公司。電信公司A有一千名簽約顧客，而電信公司B則有五千名顧客。接著再假設A和B兩間公司之間不能互打電話。

當然A公司的顧客只能和其餘九百九十九人通話，而B公司的顧客則能和四千九百九十九人通話。人們會認為B公司比較方便，之後簽約的人數就會越來越多。

像這樣在網絡內的顧客越多，該網絡的價值就會提高，也會更加方便，這就是「網絡效應」。而且，不只網絡內的人，就連外部的人都會覺得價值變高。

這種現象在Windows的作業系統就能看到。當時在日本販售的文字處理軟體「一太郎」，市占率大幅提升。因為很多人都在用「一太郎」，所以甚至出現有人為了閱讀文章而購買「一太郎」。當然Windows本體也一樣獨霸整個市場。

亞馬遜的情況比較複雜。因為擁有prime會員等龐大的使用者，所以商品的數量與供應商都越來越多，使用者又因為這樣變得更多，形成一個正面循環。

本章將帶領各位讀者，一窺進軍各領域的亞馬遜，分別採取什麼手段成為「平台供應商」。

另外，請各位參考二一二頁的圖表。值得一提的事情就是亞馬遜發展新服務的速度很快，但撤退的速度也很快。

應該有很多人已經忘記，亞馬遜曾於二〇一四年跨足美國的智慧手機事業，但隔年就馬上撤退了。**果斷放棄也是亞馬遜的特色之一。**

因為亞馬遜手上握著鉅額的現金，所以能大量投資，不斷創立新的事業，而且也能承受失敗。

圖表中的這些事業，有些也成為其他事業成功的源頭。亞馬遜因為有龐大的現金撐腰，所以成為一間不怕失敗的公司。這也是成為平台供應商的條件之一。

## 亞馬遜過去放棄的事業一覽表

出處：http：//www.dhbr.net/articles/-/4957

| 開始（年） | 結束（年） | 事業名稱 |
| --- | --- | --- |
| 1999 | 2000 | Amazon Auctions |
| 1999 | 2007 | Z shops |
| 2004 | 2008 | 搜尋引擎「A9」 |
| 2006 | 2013 | Askville（問答網站） |
| 2006 | 2015 | Unbox（購買、租賃電視節目和或電影） |
| 2007 | 2012 | Endless.com（專門販售鞋類與手提包的網站） |
| 2007 | 2014 | Amazon Web Pay（個人匯款） |
| 2009 | 2012 | PayPlace（以暗號支付款項的系統） |
| 2010 | 2016 | Web Store（支援架設線上商店的服務） |
| 2011 | 2016 | MY HABIT（會員制的限時拍賣） |
| 2011 | 2015 | Amazon Local |
| 2011 | 2015 | Test Drive（購買應用程式前的試用服務） |
| 2012 | 2015 | Music Importer（上載音源的程式） |
| 2014 | 2015 | Fire Phone |
| 2014 | 2015 | Amazon Elements（自有品牌的尿布） |
| 2014 | 2015 | Amazon Register（手機支付） |
| 2014 | 2015 | Amazon Wallet |
| 2015 | 2015 | Amazon Destination（住宿預約服務） |

貝恩策略顧問公司提供之亞馬遜分析資料

## 「剔除中盤商」是低價的基礎——出版業界

出版業界持續蕭條。根據出版科學研究所的調查，二〇一八年日本出版物的販售金額大約縮小到一九九六年的五〇%。其中雜誌的狀況尤為嚴重，已經連續二十年收益比前一年低。

在這種狀況下，大出版社為了解決燃眉之急也顧不了那麼多了。

日本的出版物，傳統上都會透過批發「經銷商」將出版物流通到書店。然而，日本亞馬遜的方針是採用不透過經銷商直接向出版社採購書籍的「直接交易」。也就是省略經銷的「剔除中盤商」。

如前述提到的，亞馬遜以階梯瀑布的方式，向日販、東販等經銷商訂購書籍。假設想進的書籍，每個經銷商都沒有庫存，亞馬遜會先向經銷商訂購，再向出版社下訂單；因為這是日本出版業界的行規。訂購的書籍會從出版社送到經銷商的倉庫，最後再送達亞馬遜的倉庫。因此，過去即便出版社有庫存，亞馬遜的畫面上也會顯示已經沒有存貨，書籍送到消費者手上大約需要一週的時間。

二〇一七年六月，亞馬遜改變這種作法。當經銷商沒有存貨時，亞馬遜會直接向部分出版社訂購。結果使得熱賣加印的雜誌降低賣剩的冊數。畢竟雜誌的有效期限只到下一期出刊為止，新鮮度就是生命。

自二〇一八年二月起，無論經銷商有無庫存，亞馬遜都加強直接從出版社採購新書與雜誌的體制。正式開始推行不透過經銷商的進貨方式。

直接與亞馬遜交易，對出版社也有優點。省下透過經銷商的時間，可以縮短亞馬遜沒有庫存的時間，也可以防止機會損失。另外，出版業界有退貨制度，書店可以將賣不出去的書退回出版社，而亞馬遜的退貨率很低。因為亞馬遜會根據資料庫，確實賣出書籍。

身為生產者的出版社與零售商亞馬遜直接交易，書籍可以從生產的印刷廠或出版社倉庫直接送到亞馬遜的各個倉庫。亞馬遜會向各出版社提案批發價格，因此想必進貨價也會比較低。如此一來，亞馬遜和其他多數必須透過經銷商進貨的書店之間，收益的差距會越來越大。

其實，竊盜問題也不容小覷。本來書店能獲得的利潤就不多，不知道大家有沒有聽說過，小型書店如果經常遇到竊盜案甚至會倒閉。據說書店的利潤大約是兩成。假設一本書一千五百日圓，利潤就是三百日圓。

根據二〇〇八年的數據，JPO日本出版機構指出書店的竊盜損失率約為一．四一％。另一方面，大型經銷商日販表示二〇一七年書店的營業淨利率為〇．一一％。也就是說，只要沒有竊盜損失，書店的利潤就可以成長到十倍以上。

沒有實體店面的亞馬遜，沒有竊盜的問題。

各位注意到了嗎？光是電商網站這一點，利潤就至少是一般書店的十倍。再剔除掉中盤商，利潤差異就會更大。

據說經銷商的手續費為五到六%。因此，即便亞馬遜支付物流公司運費，仍然可以順利在線上賣書。

出版業界一直把亞馬遜視為異端，應該是因為亞馬遜試圖用前所未見的方式進軍業界，但其實這種「剔除中盤商」的方式對零售業者而言是非常理所當然的。

大榮和伊藤洋華堂也是靠低價採購商品，壯大到現在的規模。**亞馬遜只是在做零售業者過去一直在做的、理所當然的事情而已。**不過，亞馬遜之所以能快速推行計畫，全賴能夠實現任何事情的大量現金。

## 威脅超市地位的「Amazon Fresh」

前文已經數度提到，亞馬遜最難跨足的行業就是生鮮食品事業。對於在網路上選購難以確認品質和新鮮度的生鮮食品，美國人的抵抗感比其他國家更高。美國投資銀行摩根史坦利指出，美國國內的生鮮食品線上販售的量，僅占食品市場整體的一・六％。法國為五％、英國為七％，由此可知美國的市場有多小。

實際上，二〇〇七年亞馬遜在美國電商網站展開「Amazon Fresh」，但持續陷入苦戰。這項服務是在線上訂購鮮肉、鮮魚等生鮮食品約五十萬項商品，消費者就可以在訂購當天或隔天早上取貨。因為訂購量太少，所以配送費、會費、新鮮度等問題都很沉重。這一點或許從Amazon Fresh當初設定的年會費包含prime服務在內為二百九十九美元就能看得出來。Amazon prime的年會費為九十九美元，目標客層可以說是所得偏高的消費者。

話雖如此，Amazon Fresh當初只在西雅圖推廣，而且順利增加提供服務的區域，尤其是在大都市的營收也不斷成長。二〇一三年拓展到洛杉磯、舊金山，二〇一四年拓展到紐約州的部分地區以及聖地牙哥。

不知道是不是判斷 Amazon Fresh 未來會上軌道，二〇一六年開始調降費率。只要 Amazon prime 年會費九十九美元再加上十四．九九美元就能使用這項服務。

二〇一七年 Amazon Fresh 也在日本開始提供服務。最快四小時內就可以送達。

從價格親民的食材到高級品都有，消費者比較容易購買目標商品。譬如牛肉從澳洲產牛肉到松阪牛都有，消費者可以按產地、部位、價格搜尋商品。除了亞馬遜進貨販售之外，也有提供人形町今半壽喜燒等知名專賣店用的肉品。除此之外，也經手很多冷凍食品。

生鮮食品都有真空包裝，而且貼上「鮮度保證」的標籤，如果消費者對新鮮度不滿意可以退貨。配送取貨日最長可以指定二十八天以後，從早上八點到深夜十二點，每二個小時分為一個區塊，共分成八個時間帶。

譬如工作繁忙的媽媽，沒有空去買幫孩子做便當的食材，只要中午訂購，當天晚上就算晚回家也能收到商品，這也是「顧客第一」的服務。如果沒有亞馬遜優秀的配送能力，根本無法展開這項服務。

服務區域剛開始僅限東京都心的六區，很快就擴大到十八區以及二個市。甚至拓展到神奈川縣川崎市和千葉縣浦安市。

日本的費率比美國低廉很多。亞馬遜的 prime 會員只要支付年會費三千九百日圓並外加月費五百日圓就能提供這項服務。這會不會是想先增加會員數，再提升價格呢？運費單次需支付五百日圓，但購物六千日圓以上就可以免運費。今後 Amazon Fresh 勢必會變成既有超市的一大威脅。

## Amazon Fresh 穿梭於網路與真實世界之間

誠如之前多次提及的，對既有的零售業者來說，真正的威脅並不是亞馬遜的網購事業，而是亞馬遜考量拓展實體店鋪。

零售業本來就是在小區域內提供服務。請試著用超市想像，很多深耕各地區的大型超市，只要離開當地，就會完全沒有知名度。

相對之下，網購則是提供全區的服務，所以知名度很高。因為使用者的接觸率高，所以對網購業者跨足實體店面非常有利。Mercari 和 ZOZOTOWN 如果拓展實體店面應該也能掌握不少市占率。另外，全國各地都有的便利商店，應該也要發展線上購物才對。

據報導，美國的亞馬遜計畫在未來十年內，最多展店二千間。店鋪名稱為「Amazon Fresh」，和網購名稱相同。

現在已經針對內部員工展開實驗，消費者不僅可以在店鋪中購買數千種的商品，事前線上訂購就可以在指定的時間取貨。顧客到店之後，店員就會準備好事前裝袋的商品並且直接搬到後車廂。據說訂購後十五分鐘就能準備好商品。

亞馬遜也考慮將 Amazon Fresh 的店鋪當作物流據點。也就是說，可以把店面當作網購配送用的生鮮食品倉庫。如此一來，既能打造網購的物流據點，也能進一步拓展配送網。虛擬和實體兩者兼具，也有這個層面的意義。對推動「最後一哩路」（物流業界中意指商品送達消費者手上的最後一段區間）的亞馬遜來說，二千間店鋪的網絡將會成為強而有力的武器。

零售業界中，好市多和沃爾瑪都已經開始在都市區提供即時配送的服務。有別於亞馬遜從網路進軍實體店面，這些企業則是從實體店面跨足網購。

不過，這些零售業者仍然把網路上的訂單業務外包。想自己包辦網購的系統建構甚至配送等實際業務，需要專業知識。因為亞馬遜是網購起家的企業，所以才能在虛擬與實體之間來去自如。

## 靠「Amazon Pay」成為支付業界的霸主

亞馬遜除了自家公司的服務以外，目前也試圖發揮平台供應商的影響力。實踐方法就是利用「Amazon Pay」這項支付功能。

在新網站購買商品或服務時，有很多人都會因為要輸入個人資訊、經常忘記帳號密碼而覺得厭煩。

亞馬遜自二〇〇七年開始推出使用亞馬遜帳號就能購物的帳號支付服務「Amazon Pay」。日本也在二〇一五年五月開始這項服務，包含大型服飾購物網站「ZOZOTOWN」與四季劇團等一千三百間公司都有導入這項服務。

**對應用服務的企業來說，透過讓消費者使用很多人原本就有的亞馬遜帳號，可以跨越網購最大的障礙。**對亞馬遜來說，既可以賺到支付的手續費，也可以透過支付抓住亞馬遜尚未經手的品牌。除此之外，還可以獲得顧客資料。不但符合「為客戶著想」的宗旨，也符合將現有功能橫向展開的亞馬遜風格。

在電商業界存在感日益加重的 Amazon Pay，目前打算在實體店面開疆闢土。美國已經有部分的餐飲店和餐廳使用 Amazon Pay。

打開應用程式就能知道附近有哪些可以使用 Amazon Pay 的店家。如果有想吃的店，只要事前點餐，就能在手機上完成點餐到付款的流程。因為已經先點好餐，抵達餐廳後上菜的時間就會大幅縮短。

這種電子支付應該會在全球普及。在中國，手機支付已經超越紙鈔成為主流。除了大型店面和交通機構以外，就連路邊的小販都可以用手機支付了。支付寶和微信支付擁有高市占率，儼然可以說是少了電子支付就無法生活。

電子支付的架構很簡單。可以用店家的裝置掃描顧客手機上的條碼，也可以反過來由顧客掃描店家的 QR code 再輸入金額完成支付。

根據日本銀行在二〇一七年六月底統計的報告顯示，中國都會區的消費者在過去三個月有九十八．三％的人曾用過行動支付。也就是說，中國已經完全實踐沒有現金也不會造成困擾的社會。「支付寶的普及可能會讓錢包從中國消失」這個笑話，現在已經慢慢變成現實。

順帶一提，根據上述銀行的調查，日本的行動支付率只有六％。目前幾乎等於尚未普及的狀態。

不過，中國的行動支付能夠獲得爆發性的成長，是因為偽鈔氾濫以及缺乏現金以外的支付方法，所以無法單純比較快速普及這個現象。

現在，日本的 LINE 和樂天等公司也正在加強實體店面的支付服務。為了對應造訪日本的中國觀光客需求，百貨公司、LAWSON、唐吉軻德等店家也能使用支付寶。另外，政府也以二〇二〇年東京奧運為目標，意圖打造不以現金支付的「零現金社會」。

日本尚未出現使用 Amazon Pay 的店家，但之後出現的機率很高。

亞馬遜的強項就是擁有全球三億名顧客。因為已經有三億人擁有亞馬遜的帳號，消費者不需要另外設定 ID，店家也能以最具知名度的應用程式使用支付服務。最大的優點就是大幅降低消費者和業者使用行動支付的障礙。

# 組合技術創造嶄新的服務

各位應該已經注意到，「用智慧型手機結帳的無人商店」Amazon Go已經威脅到支付產業。Amazon Go這項服務本身之後會再詳細說明，不過概略來看，Amazon Go可以透過信用卡的資訊掌握消費者的購買履歷，進一步推測這個人的嗜好以及大概的資產狀況。

亞馬遜已經透過網購累積龐大的支付資訊。Amazon Go藉由取消所有收銀台，清空所有實體店鋪必備的支付工具，一手掌握所有支付流程。結果使得支付寶等電子支付服務和金融機構都會受Amazon Go影響。**亞馬遜若比現在掌握更多支付資訊，未來甚至可能進軍個人金融事業。**

各位可能很難想像「手機就是收銀台」的概念，畢竟iPhone是在十年前才發售。不過，從十一年前地球上的人類都還在用掀蓋式手機這個事實來思考，手機就是收銀台並非天馬行空的幻想。

目前雖然不知道Amazon Go會不會出現在日本，但只要使用「Amazon Pay」應該就能實現「用手機收銀」了。

另外，Amazon Pay 不只能做到零現金支付，還有很多方便的服務。

譬如 Amazon Pay 當中有 Automatic Payment 的功能。這是自動支付一定的額度，就能在金額範圍內選擇商品或服務的架構。譬如消費者可以設定每個月從帳戶扣除五千日圓，每個月就有五千日圓的額度可以使用。

現在亞馬遜一般會把 Automatic Payment 的功能用在隱形眼鏡等「定期寄送固定商品」的服務上。不過，這項功能若導入實體店面，當顧客到店時就可以請顧客讀取 QR Code 或者在店內設置 Beacon 這種信號裝置，只要取得認證，不需要在收銀台付款也可以使用 Automatic Payment 中設定的金額自動完成支付。

亞馬遜的經濟圈已經不僅限於網路世界。亞馬遜活用多年累積的科技，滲透我們的各種消費場合。

## 精品品牌也陸續加入 B to C —— Amazon Fashion

二〇一六年八月，美國最大型的服飾零售企業梅西百貨宣布將關閉一百五十間店面，將近所有店鋪的十五%。

梅西百貨可以說是美國百貨公司的代名詞。相當於日本的三越伊勢丹或高島屋。位於曼哈頓三十四街的店面是象徵紐約的地標，也是全美面積最大的賣場。甚至還成為《三十四街的奇蹟》等電影的舞台背景。

梅西百貨在二〇一五年九月公布最多會減少五十間店面的計畫，但不到一年的時間就決定再關閉一百間店面。

順帶一提，二〇一七年五月日本百貨公司的總數為二百二十九間店。雖然國土面積完全不同，但從這個數據也可以看出關閉的門市數量多麼具衝擊性。而且，讓梅西百貨不得不大量關閉門市的元兇正是亞馬遜。

根據二〇一五年的試算數據，預測亞馬遜的服飾營收將於二〇二〇年達到五百二十億美元，市占率從五%成長到十四%。

時裝零售業的營收成長率平均為每年二・五%，而亞馬遜到二〇二〇年時，預估營收將成長二十六・一%。這樣的成長速度等同於時裝業界整體的十倍，真的非常驚人。

大家對亞馬遜可能沒有什麼時尚相關的印象。不過，亞馬遜經手的品牌日益擴充，知名品牌都在亞馬遜的網站上販售。Calvin Klein、kate spade、LACOSTE、Levi's 等知名品牌現在已經直接將商品批發給亞馬遜。

二〇一七年六月運動用品大廠 NIKE，宣布部分商品不透過批發商直接在亞馬遜上販售。過去 NIKE 非常重視品牌能力，所以貫徹在百貨公司和零售店販售商品的方針，一直拒絕直接販售。然而，當過去的零售鏈開始出現問題，NIKE 便決定在亞馬遜上正式販售商品。

將商品賣給亞馬遜的知名品牌中，也有像 NIKE 一樣為了建立品牌，一直都只在百貨公司販售的企業。不過，現在就連這些廠商也開始將商品批發給亞馬遜。

亞馬遜的強項就是大膽地用低價提供各種商品，藉此牢牢抓住顧客。不過，對於時裝產業，亞馬遜為了吸引各品牌，反而採用維持一定價格的戰略。因為這項公約，成功讓過去花了幾年邀請都被拒絕的品牌加入。

而且，亞馬遜不只供應商品，自二〇一六年二月開始也創立了七個自創品牌。

亞馬遜時裝部門的營收規模並未對外公布，但據推測規模應該不只是與服飾大廠並駕齊驅，而是已經成為業界龍頭。**也就是說，美國服飾賣得最好的企業竟然就是亞馬遜。**

亞馬遜的服飾營收試算

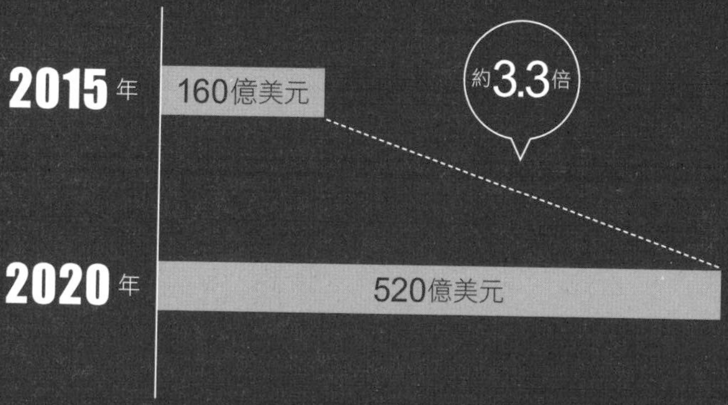


（Cohen & Company）

## Amazon Fashion 成長的原因就在於「物流」

**Amazon Fashion 成長的原動力仍然和其他零售商品一樣，就是擁有豐富的商品以及透過 Amazon Prime、Amazon Now 實現當日配送的物流網。**

亞馬遜的豐富品項無人能出其右。不僅收購前文提到的鞋類線上專賣網 Zappos.com 等企業、從各知名品牌批貨，甚至還發展自創品牌。亞馬遜竭盡所能地提供眾多商品。

根據調查公司的報告顯示，梅西百貨的 SKU 為八．五萬，亞馬遜則為三十四．三萬，差距非常大。如此一來，各位應該也能了解亞馬遜在服飾領域擁有壓倒性的商品量。（SKU 的說明請參照四十七頁）

第一章也有提到，亞馬遜網站的畫面設計得讓消費者非常容易下手購買。畫面簡潔到消費者不會察覺商品是由各個不同業者提供。**而畫面是否簡單易懂，會大幅影響電商的營收。**亞馬遜透過「第一章照片必須以白色為底，商品必須占畫面的八十五%以上」等規定，讓各商品的標示統一。甚至還規定，每排可以上架幾項商品。

時裝也不例外，和其他商品一樣都要統一顯示的規格，如此一來，顧客才能用簡潔的畫面，從眾多商品中快速找到自己想要的東西。使用者不必特別注意這是亞馬遜自己的原創商品還是其他公司提供的商品，也可以輕鬆購買。

Amazon Fashion 也按照亞馬遜特有的風格，在網路應用上下足苦功。

亞馬遜分別於二〇一三年紐約、二〇一五年倫敦、二〇一七年印度德里及二〇一八年東京設立大型攝影棚。這是為了在攝影棚拍攝服飾穿搭的照片和影片，再傳送到消費者的手機。

另外，在電商網站販售服飾，最大的問題就是「試穿」。亞馬遜針對這一點推出「Prime Wardrobe」這種免費試穿的服務。只要是 Prime 會員就可以訂購服飾，試穿後留下喜歡的服飾，不喜歡的可以退貨。運費皆由亞馬遜負擔。

「Prime Wardrobe」尚未在日本提供服務，不過日本亞馬遜的服飾和鞋類可以三十天內免費退貨。不過，必須在付款後，登錄網頁辦理退貨手續。

美國國內的「Prime Wardrobe」不需要在網路上辦理退貨手續。只要在商品到貨後七天內，將不需要的部分裝箱送回即可。退貨需要的送貨單和包裝用的膠帶都是先放在紙箱內。

當然，如果消費者覺得不喜歡，也可以全數退回試穿過的商品。不過，亞馬遜也以購買數量越多折扣越多的方式激起消費者的購買欲。

亞馬遜就這樣在美國成長至時裝零售業界營收第一的企業。

然而，這項事業接下來才正要在日本推展。未來將在日本挺身對抗亞馬遜的企業，就是經營電商網站「ZOZOTOWN」的START TODAY。

# Amazon急起直追「ZOZOTOWN」

START TODAY在二〇一七年七月底時，市值已經超過一兆日圓。在東証與JASDAQ證券交易所上市的企業中，市值超過一兆日圓的不到五%。從這一點各位應該就可以了解「ZOZOTOWN」成長的情況。

實際上，ZOZOTOWN每年營收都成長三成以上，二〇一七年度的商品交易服務費超過二千六百億日圓。

ZOZOTOWN的網站畫面也很統一，每個不同廠商的尺寸標示都做得淺顯易懂，從各個角度拍攝多張照片讓消費者更容易了解布料質感，藉此補足在網路上販售服飾的弱點。刊登工作人員的時尚穿搭，成功挑起消費者的購買欲。

目前有六千個以上的品牌在ZOZOTOWN上架，對服飾廠商來說，在ZOZOTOWN上架已經是擴大營收不可或缺的選擇。

二〇一七年十一月公布「ZOZOSUIT」為時裝業界投下一顆震撼彈。穿著這套 ZOZOSUIT 再搭配手機應用程式，便可瞬間自動測量全身一萬零五百處並計算出尺寸，也能在 ZOZOTOWN 購買適合自己體型的商品。

在網路上購買服飾的難關，通常都出在尺寸問題。ZOZOTOWN 用這套自動測量服就可以解決尺寸問題。這項技術不只應用在短褲或長褲，未來也會研究測量足部尺寸，而且目前已經在進行研究，如此一來就算是腳背較厚或者腳掌較寬的人，不需試穿也能買到合腳的鞋子。配合 ZOZOSUIT 的導入，ZOZOTOWN 也開始販售自創品牌的服飾，很有可能改寫時裝產業的勢力版圖。

另一方面，據推測日本亞馬遜的營收每年成長二成以上（亞馬遜並未公開日本時裝事業的營收）。

亞馬遜可以和 ZOZOTOWN 較量的最大武器就是物流。因為亞馬遜可以提供低運費出貨以及免運退貨的服務。

ZOZOTOWN 購物的運費一律為二百日圓，相較之下亞馬遜則是滿二千日圓就免運費。ZOZOTOWN 退貨時除了瑕疵品以外，其餘一概收取運費，而亞馬遜則是商品到貨後三十天內退貨一律免運費。

在歐美，線上購買於試穿後退貨的購物方式很普遍。因此，將來日本在線上購買、退貨很可能也會成為常態。服飾電商網站的使用越發達，免運退貨將會成為與其他企業做出區隔的重大要素。

日本的服飾電商市場預估從二〇一三年到二〇二〇年會成長八十五・七%，等同二・六兆日圓。順帶一提，服飾電商市場占時裝市場的比例也會從八%增加到十四%。話雖如此，這也僅占整體市場的十四%而已。**二〇二〇年以後，服飾電商網站市場規模將會更加擴大。**

當市場規模擴大，其他公司也有可能推出免運退貨，但若要和擁有巨額現金、物流網的亞馬遜比體力，無論ZOZOTOWN還是UNIQLO應該都沒有勝算。

順帶一提，ZOZOTOWN在二〇一七年十月一日開始提供消費者自由設定運費的實驗性服務。雖然這是電商業界前所未見的實驗，但短短一個月就結束了。因為實驗期間有超過四成的消費者將運費設定為「〇元」。ZOZOTOWN的社長前澤友作表示「運費不可能完全免費，但電商讓消費者誤以為免費是理所當然的事，這是電商業者的責任。」所以決定一律收取運費。

亞馬遜已經在為將來布局。自二〇一六年秋季（二〇一七年春夏時裝）開始，亞馬遜就成為「東京時裝週」的冠名贊助商。所謂的冠名贊助商，擁有冠上企業名稱的權利，所以東京時裝週的正式名稱為「Amazon Fashion Week TOKYO」。寄送給時尚業界相關人員的邀請函上都會出現亞馬遜的名字，應該就能感受到亞馬遜的威脅性了。

舉辦時裝週的城市有巴黎、米蘭、倫敦、紐約、東京。時裝週展現最新潮流的時裝秀，全球的服飾相關業者可以說都以時裝週為基準設計新款服飾。當然，成為如此大規模時裝秀

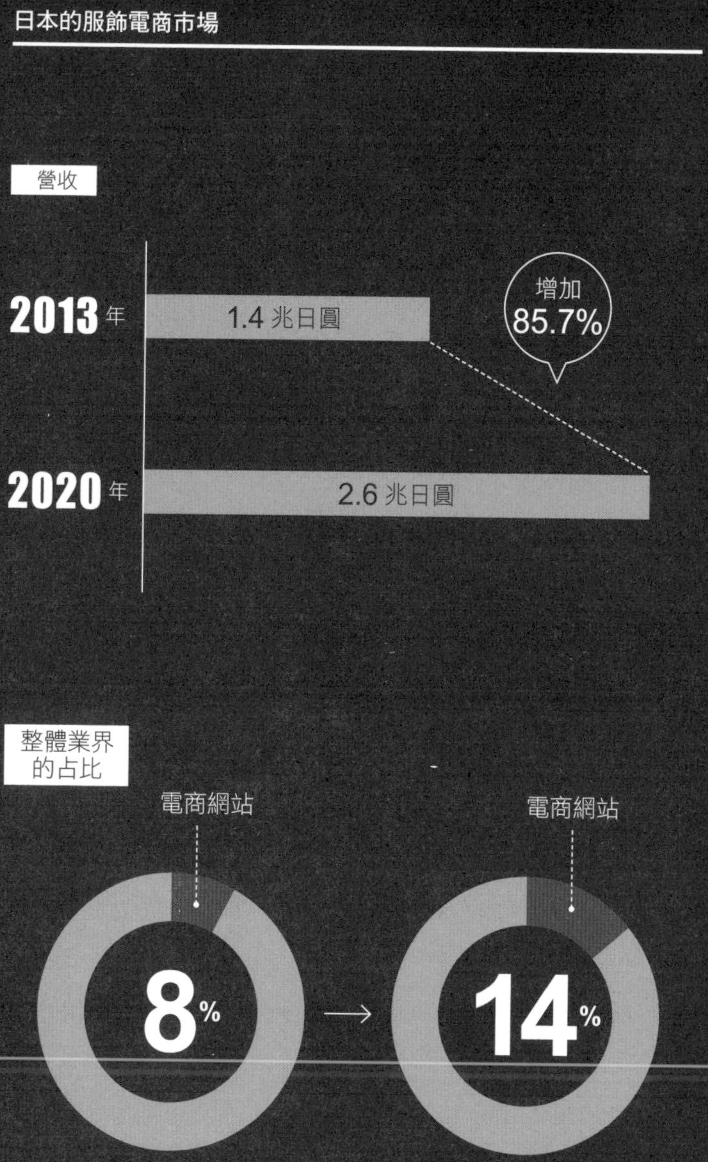
日本的服飾電商市場
營收
2013 年
1.4 兆日圓
增加
85.7%
2020 年
2.6 兆日圓
整體業界的占比
電商網站
電商網站
8%
14%

的冠名贊助商，也能加深和精品品牌等相關企業之間的關係。

如此一來，品牌對亞馬遜的看法會改變，經手的品牌關係也會更有分量。

或許此舉也有助亞馬遜延攬設計師等時裝相關人才。從這一點就可以看得出來，亞馬遜已經一步步成為日本時裝產業的平台供應商了。

## 創造新形態的融資架構——Amazon Lending

亞馬遜對其他行業猛烈攻擊，金融業當然也不能掉以輕心。

在第一章說明亞馬遜物流（Fulfillment by Amazon, FBA）的部分，已經介紹了亞馬遜對於在商城上架的業者提供非常優渥的服務，甚至還為上架業者提供貸款。

日本亞馬遜是在二〇一四年開始針對法人事業主提供「Amazon Lending」這項融資服務。銀行業界都戰戰兢兢，深恐這項服務會變成大幅改變既有融資型態的商業模式。

銀行一般都會以決算書表判斷是否融資。

然而，亞馬遜完全不看決算書表，因為他們用自己的資料庫判斷更加準確。亞馬遜會分析透過商城獲得的上架商品、每日營收等龐大資料並進行融資。亞馬遜最大的武器就是了解決算書表上看不到、銀行也絕對拿不到的即時銷售動向。

決算書表上的數值只能顯示過去的狀態，而且只能知道數個月前的狀況，看不到公司目前的狀態。

另一方面亞馬遜擁有的資料，可以了解當下的交易狀況。亞馬遜透過商城，代廠商處理庫存管理和配送等物流工作。也就是說，甚至可以即時掌握商品賣出多少件。因此，亞馬遜才會了解外人不可能知道的商品流向。只要掌握決算書表上看不到的資訊，就能掌握企業的資金周轉狀況。

接下來只要訂好判斷融資的基準，就能全自動執行融資服務。亞馬遜以這樣的資料庫為武器，對過去很難從銀行獲得融資的公司提供融資服務。

Amazon Lending 的特徵就是在融資提案前就已經完成公司的審查。**在亞馬遜上架的業者都自動被亞馬遜當成融資對象，即便企業沒有打算融資，系統也會自動通知融資訊息**。

符合融資資格的話，業者的存提款管理畫面上就會出現融資金額的上限、期限、利息。融資金額從十萬日圓到五千萬日圓不等。還款期限可選三個月、六個月甚至最長到十二個月。申請融資之後，二十四小時之內就能拿到資金，還款則是每隔兩週就自動從業者的帳戶中扣除，也可以從營收中扣抵。提前還款的話甚至不用負擔利息。

其實，以前日本的大型銀行也曾推出這種快速融資。然而，到了二〇一八年除了三井住友銀行之外，其餘銀行皆已終止這項服務。

當時，銀行打出只要有決算書表，通過簡單的審核就能輕鬆融資的口號開啟快速融資的市場，但後來因為借款人經營不善等狀況，無法收回資金。除此之外，還有捏造決算書表造成銀行蒙受損害、過度依賴決算書表上的數值，導致無法掌握企業現在的經營狀況等問題。從這些事情就可以知道，在金融業界「融資需要花時間評估」是常識。

然而，亞馬遜的專長就是掌握上架業者最近的銷售履歷與庫存資訊，在融資時就正確了解企業的經營狀態。

在亞馬遜向企業提議融資的時候，就表示已經完成相關審查。想要融資的上架業者只要在線上選擇金額和還款時間，最快隔天就能拿到資金。一般金融機構的融資都需要一個月以上的時間評估，如此快速提供融資的模式已經顛覆過去的常識。

**這種快速融資對小規模的業者來說，是避免錯失商業機會的絕佳服務**。

假設某商品突然在社群網站上紅了起來，意外成為話題中心，訂單當然會急速增加。這對業者來說算是意外狀況，所以庫存可能不夠充足。一般融資很耗時間，所以會來不及進貨，導致錯失銷售機會。不過，如果是Amazon Lending，就能讓業者抓住進貨的時機增加庫存。

Amazon Lending已經在美、英、日三國提供服務。自二〇一一年至二〇一七年六月的貸款總額已經達到約三十億美元。其中相當於三分之一金額的十億美元是過去一年的累積貸款總額。由此可知，隨著FBA的擴大，金融事業的顧客也隨之成長。

據說年利率為六至十七%，利息比銀行還高。就連被批評利息高如個人信貸的信用卡借款，利率也是落在三至十四%左右。然而，在微型或小規模業者中，甚至有些業者只在 Amazon Lending 籌措資金。因為不需要複雜的文件手續，業者就能專心做商品企畫和進貨的工作。

這樣的金融事業對亞馬遜而言，簡直可以說是「不可能賠錢的生意」。因為亞馬遜在非常了解資金週轉的狀況下貸款，就算萬一上架業者營收突然下滑，也可以在業者還款之前扣押保管在倉庫內的庫存貨品。

亞馬遜包含 FBA 在內等各領域累積的顧客資訊，今後仍會繼續增加。沒有收銀台的無人商店「Amazon GO」一旦普及，亞馬遜就會連商店內的支付資訊都能一手掌握。也就是說，亞馬遜未來或許不只針對企業，也可能進軍個人融資事業。

## 亞馬遜以後或許會開銀行

金融事業擴展到這個地步，大家可能心想：亞馬遜該不會要開銀行了吧？沒錯，的確如此。

美國的金融圈內出現二〇一八年亞馬遜將收購中堅銀行，試圖擴大金融事業的傳聞。美國有很長一段時間都限制大企業進軍銀行業。這是因為一九二〇年代，曾有銀行使用顧客的存款進行賭博性的投資，且因此失去大量存款。然而，最近金融監理機關提出「應該重新審視規範」的見解，讓「亞馬遜銀行」的誕生更具真實性。

然而，每個國家的銀行規範都不同，所以很難施展亞馬遜最擅長的規模經濟。像樂天這樣已經在國內穩穩紮根的企業反而比較容易推動。儘管如此，亞馬遜仍然很有可能跨足銀行業界。

# 加入信用卡市場是跨足金融業的基礎

亞馬遜致力發展金融服務，甚至被認為可能跨足銀行業的原因，其實在於亞馬遜的商業模式。

線上支付需要有簽帳金融卡或信用卡，才能在交易時立刻從銀行帳戶扣款。反過來說，沒有銀行帳戶就很難使用亞馬遜的服務。

日本大多數人都擁有銀行帳戶，但其實美國約有將近一成以年輕人為主的人口，無法通過開設銀行帳戶的信用門檻。

亞馬遜想進軍銀行業的原因之一，就是認為藉由讓這些人口擁有銀行帳戶，便能拓展顧客圈。

現在，亞馬遜與金融機構合作發行信用卡。透過累積點數等優惠，讓消費者感覺到在亞馬遜購物「很划算」。賦予消費者購買相同商品時，選擇在亞馬遜上訂購的契機。

各位可以把信用卡想成是個人信貸。信用卡透過分期定額付款和信用卡貸款獲利。只要使用者中有一%的人，以信用卡貸款十萬日圓，總金額就會很驚人。

譬如美國亞馬遜於二〇一八年二月開始利用大型銀行摩根大通集團發行的「Prime Visa Card」，執行在旗下全食超市購物時可享有五%現金回饋的計畫。

日本亞馬遜也一樣發行聯名信用卡。我們來看看實際上可以獲得多少優惠。

亞馬遜的信用卡有兩種：「Amazon MasterCard Gold」和「Amazon MasterCard Classic」。

「Amazon MasterCard Gold」（黃金卡）購物時的點數回饋率為二・五%。樂天卡的點數回饋率為一至五%，單看回饋率亞馬遜的優惠較差。中辦黃金卡必須繳納年費一萬零八百日圓（含稅）。不過，因為擁有黃金卡之後 Prime 服務就會自動免年費，所以實際上還可以扣除這個部分的費用。看來亞馬遜是想結合這兩項服務。

接下來如果設定超過某個金額就採用自動分期、每月的消費明細改由線上確認，年費實際上就會變成四百二十日圓。

自動分期的服務當初設定是超過三萬日圓就會自動轉為分期付款。不過，如果將付款上限設定為信用卡的額度（剛開始是二十萬日圓），就不會發生必須支付利息的狀況。

除此之外，還有「Amazon MasterCard Classic」（經典卡）。這個方案則是免年費、點數回饋最高二%。而且也和 Prime 服務綁在一起。因為想獲得二%的點數回饋，就必須加入 Prime 會員。

黃金卡和經典卡哪一種比較划算，必須看消費者對亞馬遜的使用頻率而定。從〇．五%的回饋差異和黃金卡四百二十日圓的年費來計算，每年在亞馬遜花費超過八萬四千日圓的話，辦黃金卡比較划算。

如果每個月都在亞馬遜消費七千日圓左右，就算是重度使用者，可以毫不猶豫地選擇黃金卡。如果用黃金卡每個月在亞馬遜消費一萬日圓，一年就可以累積三千點。也就是說，可以折抵三千日圓。

這樣計算大家可能難以想像，極端地說，擁有黃金卡就等於可以在免運且折扣二．五%的條件下購買亞馬遜的所有商品。尤其是新書這種在書店通常不會有折扣的商品，只要用黃金卡支付實際上就能獲得二．五%的折扣。

亞馬遜就這樣跨足個人金融，不過這項服務和銀行一樣，很可能無法贏過已經開始投入個人金融的樂天。因為個人金融在每個國家都有不同制度、利息和風險的差異。也就是說，這是一種僅限國內的事業。像亞馬遜這樣以全球市場為對象、重心放在IT技術的規模經濟很難伸展手腳。這個部分對日本企業或許是一個機會。然而，我認為亞馬遜絕對會想跨足金融業。這種凡事躍躍欲試的心態，也是亞馬遜令人畏懼的原因之一。

## 「企業用商品」屬於成長型市場

亞馬遜也經手「企業用商品」。對經銷的企業而言，企業用商品很有「賺頭」。首先，交易量比一般消費者大。商品有其專業性，所以販售價格不會大幅下跌，能夠獲得穩定的利潤。亞馬遜注意到這個市場，可以說是非常理所當然的事情。

據說美國的企業用品零售市場超過七兆美元。一般消費者的零售市場規模則是四兆美元。可見企業用品零售市場規模相較之下大很多。

亞馬遜在二〇一五年開始提供企業用商品的服務「Amazon Business」。這個網站上販售辦公室會用到的文具用品、研究室用器具甚至病人服。企業用的資材也都很齊全。

只要以法人的身分在這個網站註冊，就能購買個人用網站上沒有販售的專用商品。不僅如此，還可以用企業專屬的特價購買商品，且商品也會隨著購買量變動折扣比例。

因為不需要負擔年費，所以無論企業規模或購買金額大小都可以使用。

除此之外，也能允許多個員工使用者註冊。只要購物金額超過四十九美元，就能享有免運費以及隔天送達的服務。這個金額應該是受到沃爾瑪五十美元以上免運費的影響。

## 稍微嘗試一下，之後還可以當作其他服務的跳板

Amazon Business 的事業規模也沒有對外公布，不過市場相關人員推測二〇一六年營收應該落在五十二億美元左右。

史泰博（Staples）是美國專營辦公用品的大型文具供應商，上述營收的金額不到史泰博的四分之一。然而，史泰博近幾年的營收從原本的持平開始轉為略降。

史泰博原本在二〇一五年二月和辦公室補給站（Office Depot）達成合併的協議，但在二〇一六年五月時放棄。因為美國的反壟斷機關「聯邦貿易委員會（FTC）」認為此舉妨礙公平競爭提起訴訟，聯邦地院判決執行假處分，史泰博只好心不甘情不願地放棄。

其實，這項合併案並非首例。史泰博也曾在一九九七年提出與辦公室補給站合併，一樣都被 FTC 阻止。史泰博顯然沒有學到教訓，這次也打算策動兩間公司合併。

這個舉動背後其實也有亞馬遜的影子。因為史泰博在 FTC 提出訴訟後，向法院提出申請准許合併的理由中，提及規模遠不如自家公司的亞馬遜也跨足辦公室用品事業。

就連史泰博這樣的大企業，也因為亞馬遜日益壯大而感到害怕。

然而，美國的企業用品零售市場很有趣，史泰博等大企業成長趨緩，而當地的零售業者卻仍然堅強地繼續存活。

《富比士》雜誌指出，營收在五千萬美元以下的中堅零售業者約有三萬五千家。

其實亞馬遜在推展「Amazon Business」之前，曾於二〇一二年推出實驗性的電子交易網站「Amazon Supply」販售企業或研究機構的資材、工具、機器等商品。Amazon Supply 和 Amazon Business 的不同之處在於並非直接把商品賣給企業，而是賣給中盤的零售業者，也就是批發商品。雖然是實驗性質的網站，但在二〇一四年時已經可提供十七大領域共二百二十種商品。

Amazon Supply 用這樣的方式將辦公用品、產業製品的批發商品賣給當地的零售業者，但之後的 Amazon Business 則將商業模式改為直接販售給企業。也就是說，亞馬遜跳過中盤的零售業者。

**針對這一點，亞馬遜只說明這是強化 B to B 事業的一環，但我認為「Amazon Supply」應該是想透過批發，取得企業間交易的專業知識。**當一切準備就緒，就直接將方向轉為直接販售。

從之前看到的亞馬遜商業模式思考，這絕對不是憑空想像，實際上 Amazon Supply 已經在二〇一五年六月終止服務。

亞馬遜在日本也已經開始正式跨足 B to B 事業。二〇一五年開設「產業、研究開發用品線上商店」。二〇一七年九月也開始日本版的 Amazon Business，備齊文具、電動工具等二億種以上的商品。

「產業、研究開發用品線上商店」的網站淺顯易懂地呈現產業用品等產品，Amazon Business 非常在乎企業採購人員是否覺得順手。

線上商店也有商城的功能，外部業者也可以上架商品，消費者能夠輕鬆比較類似商品的價格與性能。另外，消費者可以線上下載報價單，也能在月底統一請款。這對企業內的採購人員而言是莫大的優點。

企業在採購上的問題是必須共享「誰採購了什麼」的資訊，因此為了讓企業方便使用，該網站也提供其他人能夠確認採購負責人訂單的系統。

日本產業用品的線上販售市場中，MonotaRo 這間公司急速成長。二〇一七年十二月期的決算結果，營收為八百八十三億日圓，與二〇一三年十二月期相比擴大二・六倍。話雖如此，從產業用品市場的市占率來看，也只不過占了一％。也就是說，日本在這個領域的電商網站還有很多成長空間。

企業間交易的事業已經不再是市場規模小、無足輕重的存在了。就連日本的事務用品商 ASKUL 都不只經手文具，最近也開始擴大工具、電子零件等商品以加強攻勢。然而，從美國的動向來看，亞馬遜在這個領域很可能也會透露出壓倒性的存在感。

# 全世界都苦惱的亞馬遜課稅問題

亞馬遜蠶食鯨吞全球許多零售店，從以前就有很多人批評「亞馬遜沒有繳稅」。話雖如此，亞馬遜也不是堂堂正正地逃稅。應該是說法律上有漏洞才對。

經濟合作暨發展組織（OECD）是調整各國經濟政策的機構。OECD的租稅條款是針對居民和企業「永久性設施」課稅。也就是說，如果要在日本徵收法人稅，課稅對象的活動據點必須「位於日本」。

一般應該會認為亞馬遜有日本法人的身分，就會是課稅對象。不過，亞馬遜針對這一點的說法是：雖然是在日本購物，但支付中心位於愛爾蘭，所以日本法人只是進行輔助業務的角色。而且商品都在網路上販售並沒有實體店面，物流倉庫也只是單純的倉庫，所以不需要繳納日本的法人稅。

OECD當然不可能袖手旁觀。現在正研擬讓政府也能向亞馬遜課法人稅的法案。亞馬遜的節稅邏輯是「倉庫並非永久的活動據點」，因此OECD將倉庫也視為永久性設施，讓政府能夠課稅。日本也預計自二〇一九年一月開始適用稅制改革。

話雖如此，實際上在網路完成販售的音樂和電影不在課稅範圍內，亞馬遜仍然有脫身之法。

重新審視對亞馬遜的課稅方式，已經是國際性的議題。主要的二十個國家、地區（G20）已經開始商討加強對電商業者的課稅制度。G20 是協議全球重要經濟、金融問題的國際會議。為了消除課稅漏洞，目前正在研議針對各國營收課稅的草案。

雖然名義上是「加強對電商業者的課稅體制」，但主要原因當然在於日益巨大的亞馬遜。日本也有部分媒體將這件事情報導為「亞馬遜課稅條款」。由此可以再度了解到，亞馬遜儼然是改寫全球經濟構造的存在。

chapter

# #08

# 支撐亞馬遜的根基
# 就是技術

## Amazon GO 真正厲害的地方在於技術

支持亞馬遜發展的關鍵就是技術。誠如之前已經介紹過的 AWS 和互聯網家電，亞馬遜和 IT 技術密不可分。

前文提到亞馬遜收購全食超市，成為展開實體店面的跳板。除此之外，亞馬遜也已經準備好營運實體店面。而且亞馬遜經營的不是一般店面，而是大量採用科技的「Amazon Go」。這些店面不只成為亞馬遜的新平台，還蘊含可能大幅改變零售業的可能性。

首先，我們先來看看 Amazon Go 是什麼。

二〇一六年初秋，亞馬遜宣布進軍便利商店事業。亞馬遜的便利商店指的就是「Amazon Go」。商店已經在總公司所在地西雅圖，針對員工實驗性地營運超過一年，二〇一八年一月就會以一般民眾為對象開設店面。

不過，雖然說是便利商店，但 Amazon Go 和我們想像的型態完全不同。Amazon Go 是無收銀台的便利商店。

大家可能會疑惑如何支付？小偷會不會大肆竊盜？根據亞馬遜宣布的無人商店，概念如次頁的圖表所示。

雖然詳情尚未公布，但店內會使用感應器和攝影機，以人工智慧判斷顧客從架上拿取或放回的商品個數，再透過網路和應用程式連動。之後只要走出閘門，就會自動從亞馬遜帳戶中扣除商品費用。顧客只需要進入店內，將需要的商品放進包包，再直接離開即可。

除此之外，店內還大量設置麥克風，使用語音辨識技術，累積來店顧客在店內的細部動作。這些資料或許會用來改善店內的陳列方式。

攝影機等感應器應該也可以用來鎖定來店顧客的特徵。只要搭配入店的用的條碼和臉部辨識雙重確認，就可以徹底防範竊盜。

Amazon Go 公布之後，對便利商店業界造成激烈震撼。

最讓日本便利商店業界頭痛的問題就是人手不足。日本的經濟產業省與五大便利商店業者達成協議，將在二〇二五年前把便利商店所有商品加上 RFID 這種電子晶片。因為只要有電子晶片，就能夠正式導入讓消費者自行結帳的自助式收銀系統。

預計二〇二五年實現這項計畫時，RFID 晶片的價格會是一日圓。然而，根據日本加盟協會的調查，二〇一七年十二月便利商店的來客總數超過十四億人次。也就是說，每年達一百七十億人次。

以一個來店人次平均購買二項商品計算，商品販售個數可達三百四十億個。若每項商品都要加掛 RFID 晶片，那麼光是晶片的成本，就會讓整個便利商店業界多負擔超過五百億日

## Amazon Go 營運模式

①

入店前
先安裝 Amazon Go 的
應用程式

②

在入口的讀取機
掃描條碼後入店

③

從架上拿取想要的商品，
應用程式的購物車
就會自動追加商品

④

後悔時，可以將剛剛選購的商
品放回架上，應用程式就會自
動從購物車中刪除該商品

⑤

只要從剛剛入店時
通過的閘門離開即可

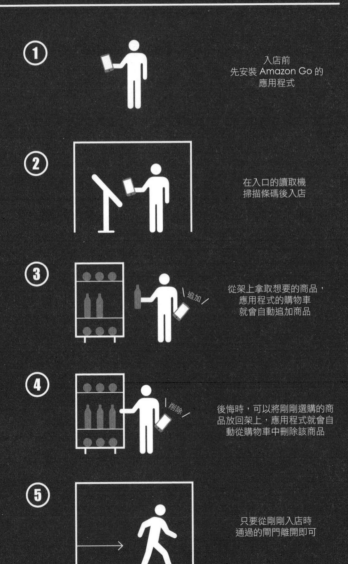

圓的費用。

然而，Amazon Go 不需要晶片成本。雖然需要攝影機等設備費用，但現在攝影機的價格已經變得非常便宜。因為所有智慧型手機都搭載相機功能，使得全球價格大幅下跌。攝影機晶片組的價格，八百萬畫素只要數百日圓。

如果是亞馬遜，應該可以自己設計更低價的專用攝影機。長期來看，每間店面的設備成本或許可以低於五千美元。

雖然長期來看設備成本應該會下降，但 Amazon Go 在初期階段的成本應該不低。

亞馬遜在四年前開始計畫推展 Amazon Go，而且也取得感應器相關的專利（網路上也可以閱覽該專利的內容）。靠感應器處理所有工作，就需要設置大量感應器，初期投資的負擔很重。因此也有專家認為成本負擔過大，這項事業就不能成立。

美國大型金融機構花旗集團指出，亞馬遜今後十年內若開設二百七十家包含 Amazon Go 的食品店，約需耗費三十五億美元的經費。另一方面，營收預估為四十七億美元，營業淨利率約有五％以上。

營業淨利率是可以看出光靠商品販賣賺了多少錢的指標。經營日本便利商店龍頭 7-Eleven 的 7&I 控股，營業淨利率為六．五％，亞馬遜目前預估的數值雖然遜於 7&I 控股，但這項試算中應該思考的部分是「竊盜」。

Amazon Go 真正會造成威脅的部分，其實是「零竊盜」這件事。

便利商店的竊盜耗損率據說大概是一．五％。然而，亞馬遜使用 prime 會員的信用卡結帳，AI也會自動掌握顧客在店內的行動，很有可能實現零竊盜。**結果，單純合計之後 Amazon Go 的淨利率就會超過六・五%，達到等同或超過業界的水準**。

另外，只是偷一個紅豆麵包，就要面對一輩子都不能在亞馬遜相關產業購物的罰則，對顧客來說應該也會覺得很不划算。

而且這項試算還不包含亞馬遜的潛在優勢。Amazon Go 除了販售一般便利商店有的商品，還可以加上從電商網站資料庫中分析出來的熱銷商品。另外，實體店面增加之後，應該也會在店面提供 prime 會員的專屬優惠。因為這樣的網絡效果，自然也會使得 prime 會員數量伴隨實體店面的增設而增加。

就結果而言，Amazon Go 無論是營收或利潤都很可能會比預測值還要高。同時也會成為便利商店業界中，具有充分競爭力的商業型態。藉由減少店員人數，大量開設小型店面，用最低價販售熱銷商品。當這些條件都一一實踐時，將會對既有的便利商店造成難以估計的傷害。

# 為了賣技術而開始的 Amazon GO

雖然都已經說到這個地步，但 Amazon GO 真正厲害的地方似乎不是店面本身的營收。亞馬遜很可能對營收也沒有太大的期待。

Amazon GO 真正的意義在於技術。Amazon GO 只是一個稍微大一點的商店。沒有收銀台、不需要人手、零竊盜率，或許光是這樣就能讓營收增加，可謂優點多多（能做到這樣已經很厲害了）。

Amazon GO 設置攝影機和感應器，從購物到支付都全自動控制，這些科技本身就很有價值。Amazon GO 的出現隱含什麼意義才是最重要的觀點。打造這項系統，對身為平台供應商的亞馬遜非常重要。

其他商店也能使用這項系統。超市、書店任何業種的零售店都能採用。

「販售已經完成的系統」是平台供應商的必要條件。對於擁有大把現金的亞馬遜來說，新事業的營收規模可以擴展到什麼程度，都是枝微末節的小事。**比起這些，改變業界架構的商業模式更重要。**這是因為亞馬遜始終是一個科技公司。Amazon GO 的架構可以授權給超市等企業，這應該才是亞馬遜的最終目標。

雖然這麼說可能會得罪人，不過我認為這應該才是亞馬遜推出 Amazon GO 的真正目的。前文提到亞馬遜的收益來源是 AWS 和商城。Amazon GO 完成之後，或許就會成為各種零售店無人化的契機。以後說不定還會出現租借店內攝影機和感應器的雲端服務。

使用這套系統，只要在店內設置攝影機和感應器，手機就能取代收銀機的功能。來店顧客在店內的動態和購物行為都會即時上傳到伺服器。使用 AWS 的功能分析這些資訊，就能重新審視商品品項和陳列方式。來店人數越多就能累積越多資訊，貨架的商品陳列也能更加符合顧客需求。

不久的將來，零售店面中需要人工作業的部分，或許只會剩下貨架的調換了。如前述提到的，亞馬遜使用 KIVA 加強倉庫的機器人自動化。當這項技術累積到一定程度，能夠應用在倉庫以外的地方時，未來就連店面的陳列都可以機械化。雖然聽起來很夢幻，不過因為 Amazon GO 的出現，這些情況都很有可能成真。

## Amazon GO 創造出物流的共享經濟

除此之外，Amazon GO 也有可能在物流面打造出新的架構。

「Uber」展現出物流嶄新的可能性。「Uber Eats」則是一般市民利用空閒時間配送餐廳料理的服務。尤其是在美國等人口過剩的地區，可以說是劃時代的服務。

Amazon GO 也使用像 Uber 這樣的架構，審視亞馬遜的配送系統。

譬如 Amazon GO 來店顧客的住家或辦公室附近，有人在亞馬遜的 prime now 訂購紅茶，亞馬遜便可以把訂單轉傳到來店顧客的智慧型手機中，由來店顧客領取紅茶並將商品就近交給訂購的人，打造這樣的系統，讓來店顧客自動獲得配送的報酬。

在人口急速高齡化的日本，希望商品能夠送貨到府的熟齡人口有增無減。這類型服務的商機一定很大。不久的將來，五分鐘前在亞馬遜訂購的便當和味噌湯，或許會是隔壁的高中生負責配送。此時，高中生在 Amazon GO 購買罐裝咖啡的費用，可能就會被抵消，等於是免費獲得一罐咖啡。也就是說，未來很有可能會是隔壁的家庭主婦、自己的家人等身邊的人負責配送的工作。

或許有人認為這種推測並不實際，但亞馬遜已經在二〇一五年九月開始「Amazon FLEX」的服務。這是一項由「個人」而非配送業者宅配包裹的架構。亞馬遜試圖藉由這項服務，將訂購到送達的時間縮短到三十分鐘以內。

想承接工作的人只要和亞馬遜簽約，就能以專用的應用程式在空閒時間承接工作，時薪約為二十美元。接著，只要前往指定的零售店，領取店內保管的貨物，再以自用車送貨即可。

這項服務採用可輕鬆簽約的架構，就像自己要去某個地方「順便送貨」賺點零用錢的感覺。

使用者可以在前往某個目的地時，順便投遞包裹，同時也能獲得報酬。實際上這項計畫稱為「ON MY WAY」，表示「前往某處的途中」之意。

另一方面，比起委託物流業者或自己準備物流網，亞馬遜透過使用有空閒時間的一般大眾配送更能節省運費。

待Amazon GO普及之後，個人能輕鬆以腳踏車或徒步配送商品的日子或許就不遠了。因宅配費用上漲而動搖的物流業界，這項系統可能會成為殺手鐧，另一方面或許可能也會成為物流最大的競爭對手。亞馬遜在日本使用大企業以外的當地物流業者並開始建構自己的物流網，除此之外也把運用一般人配送的方式列入考量範圍內。

## Amazon GO 真正的用意
## ——改變家電業界、占領市場

在美國，語音助理「Alexa」蔚為潮流。

「Alexa 我想買那款常喝的啤酒。」只要這麼說，亞馬遜就會送來啤酒。這樣魔法般的商品就是在美國熱賣的對話型音響——「Amazon Echo」。在日本又稱為智慧音響或 AI 音響。

Echo 內建的 AI 語音助理（語音操作服務）就是 Amazon Alexa。Alexa 非常方便。顧客並不是因為「可以在亞馬遜上訂購想要的商品」而購買 Echo。當使用者詢問 Alexa「明天天氣如何？」它就會自動掌握位置資訊並告知天氣，也可以透過語音設定自己的行程和鬧鐘。能在亞馬遜上訂購商品，只是附加的功能而已，可見這項產品有多厲害。

造型是圓筒狀的音響。本體上方內建麥克風。售價一百八十美元絕對不算便宜，但二〇一五年上市之後，販售數量就持續成長。雖然亞馬遜沒有公開銷售數量，但據說二〇一七年已經出貨三千萬台，儼然是熱銷商品。

Alexa 追加「Skills」這項功能之後，持續增加服務項目。「Amazon Skills」這個網站基本上完全免費，內含三萬個以上稱為 Skills 的擴充功能。Skills 就像手機的應用程式一樣，可以輕鬆添加。

譬如增加星巴克的 Skills，只要告訴 Alexa「幫我點一杯常喝的咖啡」，直接前往店面，不需要等待就能立刻拿到咖啡了。除此之外，還有能呼叫計程車、訂披薩等 Skills。智慧型手機上能做的事情，幾乎都可以用語音辦到，所以把語音助理想成是沒有畫面的智慧型手機可能會比較好懂。

另一方面，能對應 Alexa 的家電產品也陸續登場。飛利浦推出結合 Alexa 的 LED 燈，SONY 推出智慧鎖，Link Japan 則推出冷氣的智慧遙控器。擁有這三項產品，只要對桌上的 Alexa 下指令：「幫我開燈」、「鎖上玄關的門」、「冷氣調高二度」語音助理就會立刻完成。除此之外，竟然還有結合 Alexa 的捕蚊器和香芬噴霧器。

某個中國創投企業在日本以外的國家販售照明開關，設計非常精美。只要自己換掉牆上的開關（非常容易操作），之後可以在手機上設定「餐廳」、「廚房」等名稱。完成之後，只要對著 Alexa 說「幫我打開餐廳的燈」就能操作開關。

不久的將來，一家人要出去度過兩天一夜的旅行時，爸爸就可以指示 Alexa 做以下的事情：

「Alexa，發動汽車引擎，冷氣設在二十五度。」

「Alexa，把玄關以外的門窗鎖好，十分鐘後鎖上玄關大門。」

「Alexa，（為了不讓外人得知家裡沒人）晚上六點到十二點打開餐廳照明。」

「Alexa，明天傍晚六點將客廳溫度調整為二十五度，先放好熱水，順便先叫披薩。好，我出門囉！」

Amazon Echo在美、英、德、澳等四國販售，二〇一七年十月底和十一月分別於印度、日本上市。期待在海外擁有壓倒性市占率的亞馬遜進軍日本，能夠有助於活化市場。

# 藉由在市場上開放 Alexa，增加可對應的商品

Amazon Echo 的核心技術，就是亞馬遜開發的語音辨識技術「Alexa」。它可以辨識人聲並且採取對應的動作。

不只亞馬遜，Apple、微軟、Google、LINE 都致力於發展語音辨識技術。這項技術通常內建在智慧型手機或電腦中。iPhone 的「Siri」也是相同的技術。

亞馬遜和其他競爭對手不同之處，應該是在於光用這項家電產品就迅速讓技術獨立。不需要刻意操作手機，使用者可以一邊在客廳邊看電視或者在廚房做家事，一邊對 Echo 說話。

亞馬遜非常厲害，直接在網路上公開軟體開發套件與對應零件的製作說明。也就是說，亞馬遜把手上的軟體開發套件發給外部廠商。

製作完成的產品會按照契約由亞馬遜做檢測。此時會確認是否夾帶病毒，合格之後即可販售。

如此一來，廠商便不需要自行開發語音辨識功能，而亞馬遜則可以販售許多能對應 Alexa 的商品。這就是所謂的網路效應。

如同智慧型手機市場中，Apple 把作業系統當作軟體開發套件開放給外部使用，因此席捲應用程式的市場。現在，美國有三千多種技術是運用 Alexa 功能而誕生，對家電廠商而言，活用語音辨識技術已經是當前最重要的課題。

**Apple 和 Google 之所以會致力於發展語音辨識技術，就是因為這很可能會發展成「post-smart phone」。**出門在外或許會選擇使用智慧型手機，但在家裡用語音辨識確認新聞、天氣預報、控制家電的確比較方便。

Google 的母公司 Alphabet 推出類似的語音辨識音響「Google Home」試圖追擊亞馬遜，但根據二〇一八年三月的各種統計資料來看，美國的 Amazon Echo 市占率高達七成，獲得壓倒性的勝利。先搶下市占率，容易引發網路效應，商品數量增加就會比較占優勢。美國調查公司 Strategy Analytics 統整結果顯示，二〇一八年一到三月期的全球出貨台數市占率，亞馬遜為四十三・六％，Google 為二十六・五％。雖然差距縮小，但亞馬遜的存在感還是比較強烈。順帶一提，Apple 預計在二〇一七年底推出「Home Pod」，但時程延後到二〇一八年二月，以語音辨識裝置的領域來說，現在已經晚了一大步。日本則是由 LINE 推出「Clova WAVE」語音辨識音響。

不只 Echo，近年美國的語音辨識音響銷售量大幅成長。二〇一七年出貨的智慧音響台數，比二〇一六年成長三倍。二〇一八年的成長略為趨緩，但預計出貨量也比二〇一七年增加六〇％，相當於四千三百萬台左右。

語音辨識已經進入普及的階段。很快機械的辨識程度就會提高到人類能夠毫無壓力順暢對話的程度。因為解析的語音資料越多，語音辨識的正確性就會越高。也就是說，人們越使用「Amazon Echo」，不，只要放在桌上，Echo 就會持續收集資料，累積的資料量就會越多。位於地球上遙遠彼端的數據中心裡，AI 持續學習。結果就會進入語音辨識正確度大幅提升的循環。

亞馬遜現在已經靠 Echo 解決一大難題——判斷是誰在說話。這一點可以藉由對照聲紋判斷人物。

「Amazon Echo」目前在美國是熱銷超過三千萬台的當紅商品，但當初潛藏著意想不到的弱點，就是無法辨識人物。因此，曾經發生過孩子向父母吵著要玩具，結果 Amazon Echo 誤判，使得玩具直接送上門的笑話。甚至也發生過寵物鸚鵡學女主人說話下訂單的稀奇事件。

不久的將來，語音辨識會進化到不需要重新購買產品，也會自動學習提升精度。對標榜「為顧客著想」的科技公司來說，這是一個絕佳的機會。

美國語音辨識音響的銷售量

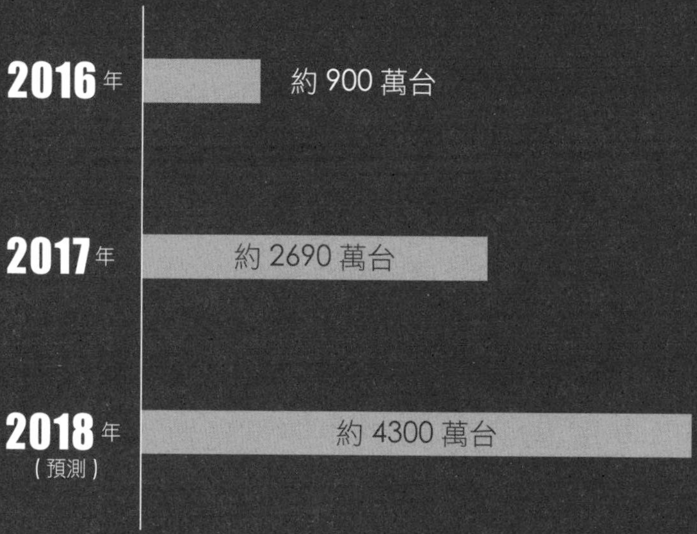

# 在技術層面也可能徹底改變時裝業界

在說明平台供應商的章節已經提到，亞馬遜在時裝領域也是透過活用 IT 技術和巨大的物流網，建構出過去零售業者無法匹敵的商業模式。亞馬遜除了這些之外，還打算從技術面獲取強大的武器。

這項武器就是美國二〇一七年五月開始出貨的語音辨識機器「Echo Look」。不過，這是從 Amazon Echo 衍生出來的產品，專門應用在時裝產業。

Echo Look 簡單來說就是一台相機。內建四種 LED 閃光燈，可以拍攝自己的照片和影片。可以輕鬆分享到專門分享圖片的社群「Instagram」，而且可以用語音操作不需要手動，所以使用者可以盡情擺各種姿勢。

當然，Echo Look 不只能夠拍照。搭配專用的「Style Check」應用程式，選擇兩張照片，應用程式就會幫你判斷哪一件比較好看。根據是否合身、顏色和搭配規則等流行資訊，以七十五％對二十五％這樣的數值，告訴使用者哪一件比較合適。

不過，老實說，現在主要的功能只有上傳 IG 和比較哪一件好看，但未來很有可能透過

AI 自動學習成為魔法般的機器。

**以全球資料庫為基礎，未來很有可能當使用者詢問「哪一件比較好？」的時候，機器能夠提出時裝搭配的建議。**或許當你詢問現在穿的上衣，下半身要搭配什麼？機器就能從現有的衣服中選出適合的單品。

除了 Style Check 的判斷之外，使用者也可以登錄自己喜歡的類型。藉由加入這些資訊，就能進一步提高精準度。這些資料都會上傳到亞馬遜的雲端，亞馬遜就可以根據這些資料向使用者推薦時裝。

亞馬遜應該是想透過 Echo Look，打開自創品牌的銷路。

## 亞馬遜也能靠技術徹底奪走快時尚的市占率

亞馬遜旗下擁有自創品牌，但在日本的知名度不高。從「Franklin & Freeman」、「James & Erin」等品牌名稱完全看不出來和亞馬遜有關連。Amazon Brand 經手的商品從皮鞋、西裝、洋裝、裙裝到童裝都有。最近似乎也在研議生產自創品牌的運動服飾。而且，亞馬遜試圖破壞的，以價格區間來說正是 GAP 和 H&M 等快時尚品牌的市場。

譬如亞馬遜備有一百五十美元的西裝、三十美元的皮鞋、十美元左右的洋裝等廉價商品。既有的快時尚業者之間的競爭雖然激烈，但網路戰略並不強。亞馬遜很有可能藉由應用「Echo」收集到的資料，以自創品牌掌握時裝業的霸權。

電商網站上的各服飾業者也擁有顧客購買履歷。雖然可以知道誰在什麼時候購買哪些商品，但亞馬遜可以透過 Echo Look 進一步掌握「買來的衣服多久會穿一次」、「以什麼搭配方式穿著」等資訊。

這些是只有亞馬遜才能知道的情報，亞馬遜對顧客提供的穿搭方案，將來應該會更加精緻化，而且在商品拓展等行銷戰略上，一定也能因此和其他廠商做出區隔。

亞馬遜在過去認為只能面對面販售的時裝業界中，仍然透過掌握以往服飾企業無法得知的顧客資訊等前所未見的手段擴展事業。

# 了解 Amazon 的未來構想，就能了解全世界的未來

前文提及「最後一哩路」是物流最大的課題。之前介紹了亞馬遜至今建構的獨家配送網，不過接下來亞馬遜已經看準無人配送。接下來，我將介紹亞馬遜下一步打算做什麼之類的未來構想。

亞馬遜正在構思「空中宅配」。目前正加緊腳步實踐小型無人機配送商品的「Prime Air」服務。

現階段規劃讓總重二十五公斤以下的無人機在低於一百二十公尺的高度飛行，於三十分鐘內配送約二．三公斤的商品。

亞馬遜現在最快的宅配速度是「Prime Now」一個小時送達的服務。若能實踐無人機配送，或許有可能縮短至一個小時內。

二〇一三年十二月，亞馬遜在美國公布這項計畫。當時正值聖誕節期間，應該有很多消

費者都把這則消息當作虛幻的夢想。

然而，現在載著亞馬遜紙箱的無人機降落至眼前再飛走的光景，已經開始出現真實感。

二〇一七年三月亞馬遜在加州的研討會上，實際演練這項服務。YouTube上也有公開這段畫面：擁有四個螺旋槳的無人機降落在草地上，卸下印有亞馬遜商標的紙箱後飛離地面。這台無人機當然也是由亞馬遜自己開發。根據當地報導無人機表示可以完全自主飛行。

然而，率先進入實用階段的地點並非美國，而是英國。為什麼不是美國？應該是因為接下來會提到的規範問題，英國已經可以克服。早在美國實際演練這項服務前，二〇一六年七月亞馬遜就已經獲得英國政府的實驗飛行許可，並於十二月首次在劍橋周邊實施民間試驗。

在無人機專用的配送倉庫中，先以人工將亞馬遜紙箱內的商品裝入無人機內部的盒子。接著，無人機會在輸送帶上移動，再根據GPS的資訊飛向顧客家。這段行程只需要十三分鐘。對於大多數的消費者來說，這樣的速度比走出家門到商店購買更快得到商品。

最令人在意的是這項服務的成本。貫徹保密主義的亞馬遜當然不會公開明細。一般會覺得使用無人機的成本應該不低，但也有專家試算過單趟的配送成本大約是二分美元。

無人機靠電池飛行，但充電成本非常低廉。另外購買機體的成本，包含維修費用在內，單趟配送的成本可以控制在一分美元以內。也就是說，每天只需要約一美元的費用就能解決。

據說就算是加入開發費用使得機體價格大幅上升，總共也只需要一美元左右的成本就能完成配送。比人工運輸的陸運還要便宜。

相較於地面上的運輸方式，無人機配送不需要初期投資，所以能省下人事成本和營運費用。現在「Prime Now」這項訂購後一個小時送達的服務，日本的運費用為八百九十日圓，美國則約為八美元。如果直接沿用這個價格，光靠運費就能獲得利潤。

## 在空中打造無人機專用的基地

既然要使用無人機宅配，當然會需要無人機專用的基地。亞馬遜也已經開始構想，而且竟然想把倉庫設在空中。概念宛如航空母艦。

因為亞馬遜的物流倉庫大多都位於郊外，所以無人機從倉庫飛到都市可能會有距離太遙遠的問題。於是亞馬遜打算藉由「空中倉庫」，將無人機留在都市，以期縮短和顧客之間的距離。

這個空中倉庫規劃為使用氦氣，全長一百公尺的飛行船，可載運數百噸商品。為避免和客機衝撞，飛行船將停留在高於飛機飛行高度的一萬四千公尺處。

無人機從空中倉庫撿貨，完成配送後不回到空中倉庫，而是前往地面上的據點。以單純的構想來說算是非常詳盡的計畫。不過這也可以說是理所當然，因為亞馬遜已經在美國將這項構想申請專利。讓這種計畫聽起來一點也不像虛幻夢想，正是亞馬遜的可怕之處。

關於無人機的基地，似乎不只有空中倉庫而已，甚至還有蜂巢形狀的「無人機大樓」概念。

這個概念主要是在都市中心建設一棟有許多窗戶的筒狀建築，當作商品倉庫使用。打造一個有許多窗戶宛如「蜂巢」的建築，讓無人機能夠以此為基地起降。藉由在人口密集的市中心設立據點縮短飛行距離，降低飛行噪音、減輕墜落在人頭上的危險。這項構想和「空中倉庫」一樣，已經申請專利。

大家可能會覺得很意外。不過，美國有很多獨棟建築林立的住宅區。雖然每個地區的情況不同，但治安相對良好的地方很多。因此，當居民不在家時，配送業者也會把商品直接放在玄關就離開。無人機在訂購後十分鐘抵達，將商品放在前院，應該就會自動發送電子郵件告知「商品已經送達」。

夢幻的無人機宅配也有障礙。最大的障礙就是法律規範。日本和美國都規定商用無人機必須在操作者的「目視範圍內飛行」。然而，需要操縱者盯著的話，就沒辦法商業化了。畢竟開發無人機宅配本來就是為了達到完全自動化。

隨著時代演進，法規也朝放寬的方向改變，日美兩國都開始商討「目視外」飛行的可能性。

日本政府宣布，希望在二〇一八年達成使用無人機送貨至離島、二〇二〇年擴展至都市內配送的目標。美國也放寬法規，推測很可能會在二〇二一年正式開始無人機配送。

然而，除此之外還有輿論的問題。二〇一六年十二月，美國郵政署以一千二百名美國消費者為對象的問卷調查結果顯示，只有三成的人認為配送用的無人機很安全。

不過輿論應該也是時間就能解決的問題。筆者在撰寫本書期間，購買了DJI公司的MavicAir無人機。實際試用之後，發現感應器會持續監測前後方向以及上下左右，就算在室內也不會撞到人或牆壁。

根據美國聯邦航空總署（FAA）的統計，預估商用無人機將會從二〇一六年底的四萬二千台增加至二〇二一年的四十四萬二千台。最多甚至可能增加至一百六十萬台。除此之外，FAA還預估二〇二一年時操縱者將比二〇一六年底的二萬名增加十到二十倍。

這些預測都是基於現行的規則試算，待法規鬆綁，數字應該會大幅成長。亞馬遜預見未來法規會鬆綁，所以才會持續實驗「空中宅配」。

當然，擅長買賣的亞馬遜不會只滿足於用無人機配送商品。

亞馬遜甚至構思用無人機錄下配送目標的住宅環境，依照影像內容向顧客推薦可能會需要的服務。假設外牆老舊，就可以提議重新裝修；若汽車車款老舊，或許也能建議購買新車。如果拍攝到正在晾乾的上衣，也可以向顧客推薦適合搭配的長褲。

這絕對不是無稽之談。這樣的構想也已經於二〇一七年七月在美國申請專利。

或許會有人覺得被亞馬遜監視很不舒服，不過這也只是杞人憂天。畢竟身處於這個日益擴大的亞馬遜經濟圈內，就算沒有無人機，亞馬遜也已經看穿我們的行為模式了。

# AI 為何能創造未來？

亞馬遜不只把最先進的技術應用在 Amazon Echo 和無人機等自家商品，也應用在流通架構和新平台等各種形態上。

本文將介紹亞馬遜的 AI 人工智慧願景。

在這之前，我們先回顧一下 AI 的定義。

所謂的 AI 就是「人工智慧 (Artificial Intelligence)」的簡稱。這個單字出現在日常生活中已經很久了。雖然過去也曾經有 AI 熱潮，但引領現在 AI 熱潮的則是機械的自我學習。人工智慧的架構能讓電腦自己找出自然現象、遊戲、買賣等事物的規則性、特徵和最佳解答。

人類的大腦是由神經元的迴路組成。人工智慧的基礎概念是利用程式打造出類似的神經迴路網讓電腦自主學習，如此一來，電腦就能擁有智能。

iPhone 的語音助理 Siri 以及史上第一個和名人對戰將棋獲勝的 Ponanza 都是機械學習的成果。

機械能夠自主學習，一部分是因為電腦的處理能力提升，但關鍵在於電腦已經可以自己找出「特徵量」。

譬如分析便利商店的關東煮營收。以前是要有人先推測關東煮的營收和氣溫有密切關係，再由人指定這項條件進行分析。

然而，事實上說不定濕度、星期幾等其他條件也有影響。也可能是複合性的條件。用過去的方式，電腦無法判斷應該分析哪些項目。這種「可能是氣溫，也可能是濕度或星期」的可能性就是所謂的「特徵量」。

在這樣的情況下，加拿大的多倫多大學於二〇一二年的圖像辨識大賽中拿下驚人的分數。透過深度學習，讓電腦自動找出「特徵量」實現高精度的辨識結果。從此之後，AI便進入機械學習的領域。

同年，Google使用機械學習技術，成功在不需要人類教學的情況下，讓電腦理解「貓咪的樣貌」。順帶一提，實驗總共連結了一千台電腦，花三天的時間讀取一千萬圖片。

AI的研究大約從五十年前開始。為了要讓電腦自己決定變數，需要龐大的計算量，但未來勢必會開創前所未有的、劃時代的世界。

二〇一七年四月，貝佐斯給股東的信中，提到將會持續重視人工智慧(AI)和機械學習等投資。二〇一七年亞馬遜整體的研究開發投資額為二百二十六億美元。這是微軟和Apple同年投資額的二倍。據說其中有很多資金都用在AI上。

亞馬遜投入許多時間和金錢在運用AI的網絡上。除了支援自家的網購系統，也以對外販售「AWS」系統的模式，為亞馬遜賺取龐大的利益。

## 萬眾矚目的自動駕駛

若成功開發自動駕駛技術，物流一定會大幅轉變。

亞馬遜一直都在進行自動駕駛技術的研究，二〇一六年初甚至在公司內部成立專案團隊。團隊由十多名員工組成。當然，這是為了自家物流而進行的研究。二〇一七年一月，亞馬遜申請了一項新專利，內容是自動行駛車輛能夠配合當下的狀況，辨別出最適合的車道。

人類駕駛的時間最多十個小時就已經是極限，但自動駕駛車不分晝夜都可以連續行駛。以自動駕駛代替人類，原本從東海岸到西海岸需要花四天的美國橫貫運輸，只需要一天半就能完成。

其實，Google 母公司 Alphabet 的運輸用自動駕駛車比亞馬遜更受矚目。Alphabet 在這個領域自二〇〇九至二〇一五年間投入約十一億美元，比其他公司都早了一步。

據報導，亞馬遜目前並沒有生產自動駕駛車的計畫。因為公司內創立的團隊正在商討自動駕駛卡車、堆高車、無人機的應用方法。如果無人駕駛卡車和搬運車能成真，亞馬遜的物流網應該會劇烈轉變。

美國的通用汽車（GM）、德國汽車大廠BMW等汽車廠商以及Alphabet的子公司Waymo，過去都致力於發展家用車的自動駕駛技術。然而，最近整個業界比起發展個人用車，更傾向急速推動卡車的無人駕駛技術實用化。因為這些業者發現相較於道路複雜的都市，自動駕駛技術更適合多直線車道的高速公路，而且日本以及美國等先進國家都面臨卡車駕駛員不足的嚴重問題。

二〇一八年之後，美、英等國家都會開始使用商業卡車公路，進行自動駕駛技術的實驗。自動駕駛徹底改變世界的日子想必已經不遠了。

## 人臉辨識功能也十分出眾

除了前述的研究之外，亞馬遜的人臉辨識功能也很受矚目。透過AI圖片辨識發展的人臉辨識功能已經超越人類的能力。如果能符合「正面拍攝」等條件，辨識精度高達九十九%，可以掌握人臉特徵，比對資料庫並鎖定人物。無論是戴鬍鬚、假髮還是微整形，就連同卵雙胞胎都能識破。

使用AWS的日本企業中，也有公司使用圖像辨識功能，提供從手機內幼稚園活動照片中擷取「拍到自己孩子的照片」的服務。

若能結合靜止圖片以外的聲音、影像等多種資訊來識別，用途就能進一步擴展。應該也能用在取締交通違規或者防盜系統上。

除此之外，還能應用於行銷領域。譬如可以分析表情，測定顧客對店內商品陳設的評價。可能會有人懷疑，真的需要分析到這麼仔細嗎？事實上，商品該如何陳列最能提升營收，關鍵就在於以顧客的行動為基礎分析。接下來打算進軍實體店面的亞馬遜，應該會加強這個領域的開發才對。

實際上，二〇一七年十一月亞馬遜就已經向AWS的顧客提供一項分析網路和儲存的影片，就能辨識特定的行為和人臉的功能。

## 為了自家公司用而開發的翻譯軟體

翻譯系統今後勢必會越來越重要。Google在這個領域非常有名，應該有很多人都在網路上使用過。Google透過AI，不再只是單純翻譯單字的意義，而是大量收集並處理資料，讓電腦能夠譯出自然的文章。

亞馬遜和Google不同，打造的是自家用的翻譯系統。

開發機械翻譯技術，是為了用於翻譯多種語言的商品資訊。從這一點也可以看出亞馬遜一貫的作風：不是「為了馬上對外販售」，而是「為了壯大零售業才開始研發技術」。

二〇一七年十一月，這項技術和影像辨識一樣，也在AWS系統中加入不同人聲切換英文、中文、法文的功能。

## AI人才爭奪戰

在這波AI熱潮中，最白熱化的就是人才爭奪戰。不只年輕人，就連史丹佛大學的史丹佛人工智慧研究所所長等頂級研究員都紛紛轉往Google、亞馬遜、Facebook發展。高科技企業在挖角研究人員的情況下，紛紛開始實現前文提到的各種運用AI之服務。

卡內基美隆大學計算機科學學院院長曾說，專攻AI領域的學生，每人可能為企業帶來五百萬至一千萬美元的利潤。

各企業針對接下來將取得計算機科學博士學位的人才，展開激烈的爭奪戰，在IT產業任職的比例，過去十年之間就從三十八％提升到五十七％。AI研究人員在IT企業工作，最可能獲得巨額報酬的時機就是現在。除此之外，公司應該也會給予員工認股權，而且年收入本來就有很大的差距。

二〇一四年在大學工作的計算機領域博士，整年薪資的平均值為五萬五千美元，相較之下在IT產業研究所任職的博士，年薪則為十一萬美元，幾乎是二倍的差距。[9]

另一方面，以人工智慧為核心的第四次工業革命，已經讓工作機會減少，今後也會持續減少下去。

引領美國甚至全球的五大企業，在二〇一七年七月的雇用員工數合計約為六十六萬人。順帶一提最大零售企業沃爾瑪的員工數為二百三十萬人。《日本經濟新聞》指出，二〇〇七年底市值排名前五大的企業（石油公司Exxon Mobil、奇異公司、微軟、金融機構花旗集團、電信龍頭AT&T）員工數總計為一百零九萬人。很明顯可以看出，在科技發展之下，已經不需要像以前那麼多的工作人手了。

話雖如此，五大企業中，亞馬遜的雇用人數一直在成長。全球員工從十年前的一萬四千名成長到二〇一七年七月的三十四萬名。人數幾乎等於東京都新宿區或群馬縣前橋市的人口。員工規模只比日本企業中員工最多的豐田汽車（約三十七萬人）少一成。

亞馬遜公布二〇一七年一月起為期一年半的時間，規劃在美國雇用十萬名專職員工。一方面也是受到收購全食超市的影響，二〇一八年六月員工人數擴大至五十六萬人。儼然已經成長至超越冰島人口的規模了。

最大的雇用源頭是負責出貨工作的物流倉庫，雇用新員工的單位主要是德州、加州、佛羅里達、新澤西各州的倉庫。亞馬遜光是在二〇一六年十到十二月這一季就在超過二十個以

9 《華爾街日報》二〇一六年十一月二十五日。

上的地方建設倉庫，目前在全球各地約有一百五十個地區都有倉庫。

除了十萬名專職員工之外，還規劃最多雇用五萬名軟體開發等從業人員。這些都是為了因應二〇一七年九月在北美建設第二總公司的龐大計畫。

亞馬遜建設第二總公司的候選地區，鎖定人口在百萬人以上的大都市周邊，附近有實力堅強的大學，最好能在四十五分鐘之內抵達國際機場。具體建設地點預計在二〇一八年拍板定案，目前已經引起芝加哥、達拉斯、丹佛、費城、匹茲堡、聖地牙哥、多倫多等自治體爭相招攬亞馬遜進駐。

對地方自治體而言，引進優良企業會產生連帶的經濟效果，非常具有意義。亞馬遜把總公司移到西雅圖市中心，二〇一〇年至二〇一六年的遷移期間，就為當地吸引了三百八十億美元的投資額。

伴隨事業擴展進行開發工程，亞馬遜位於西雅圖的總公司已經有三十三棟建築。光是總公司的建築就占地七十五萬平方公尺。面積等同十六個東京巨蛋。另外，面臨道路的地方則邀請餐廳、咖啡店等當地企業進駐，照顧當地商家的生意。

順帶一提，西雅圖境內還有微軟，我也去過很多次，不過從那個時候開始街道就大幅改變。城鎮裡到處都是漂亮的大樓，用日本街道來比喻的話，就像包含歌舞伎町在內的新宿區，全都換成丸之內的高樓大廈。

居住在西雅圖境內的人口變多，所以即便持續建設新公寓也供不應求。西雅圖的住宅價格，每年平均上漲一〇％，如果是平均所得的家庭，很難在室內擁有自己的住宅。這使得遠距離通勤人口越來越多，甚至不時聽聞有人因為付不出房租而成為流浪漢。

雖然是題外話，不過亞馬遜也推行奇妙的公益活動。預計在目前總公司建地內的一隅，提供流浪漢的住宿設施。目前規劃六十五間房，共可容納二百人的住宿設施，計畫在二〇二〇年初開始營運。亞馬遜試圖和當地社會共生共榮。

不過，有人因為亞馬遜帶來的經濟效果變成流浪漢，而亞馬遜又建設收容流浪漢的設施，聽起來真是諷刺。

chapter

# #09

# 亞馬遜的組織特徵

# 不需要協調，優先重視個人發想的組織

有一則小故事，可以讓人窺見亞馬遜創辦人貝佐斯的組織觀念。研習時，幾位經理認為員工應該要加強彼此之間的溝通，貝佐斯起身極力強調「溝通是最糟糕的事情」。**因為對貝佐斯而言，組織內需要溝通，就代表組織並未發揮應有的功能。**

貝佐斯追求的是不需要協調，優先重視個人發想的組織。也就是分散權力，甚至一盤散沙才是企業最理想的狀態。譬如開發 AWS 的部門，對 Amazon Go 一點興趣也沒有，這樣最好。

就這個層面的意義來說，亞馬遜像羅馬帝國一樣擴張勢力，很難說明亞馬遜到底屬於哪種企業，等於是完整體現貝佐斯的理想。

## 不斷失敗才能大紅大紫的經營方針

我認為貝佐斯很有理科領導人的特質。譬如他不太拘泥於經營上的數據。像註冊會計師這樣文科的人，一直受到看當期決算數字的訓練，而理科屬於後設學科，所以會盡情去做自己想做的事。現金流經營等方式應該也是由此而生。

當然，貝佐斯對 AI 等科技的感受性也很有理科的特質。譬如，理科課程總是會伴隨實驗。經驗讓他知道實驗總是有失敗的時候。亞馬遜經常製作 Beta 版（測試版本）進行測試。這一點和程式設計的原理一樣。電腦的程式會先製作出 Beta 版的子系統。相同的道理，亞馬遜在各領域都推出半成品，經常以 Plan Do See 的方式操作。亞馬遜可以說是一個不斷重複「計畫、執行、評價」的企業。

譬如貝佐斯和 Apple 賈伯斯之間的差異，直接反映在公司的特色上。貝佐斯是工程師出身，所以了解事務的架構和作法。亞馬遜的經營方式也呈現出貝佐斯想透過網路打造科技公司的心情。

賈伯斯是個追夢人，也是個設計師。Apple 說穿了就是從「很帥氣」這個想法開始發展，所以在 GAFA 之中也是硬體製作能力最強的公司。

貝佐斯非常執著於追求理念。

他以「為顧客著想」為旗幟，徹底避免浪費。即使是公司的幹部，也禁止搭商務艙。話雖如此，對工作報酬卻非常大方，在日本，三十歲後半至四十歲後半的部長級主管，年薪據說都有二千萬日圓左右。

另外，在企劃會議上還要求準備整理成六頁模擬新聞稿的資料。出席的人必須在剛開始的二十分鐘讀完資料才開始開會。完全不使用 PPT 等投影片。

目的是希望透過一開始就以新聞稿的方式發表，讓計畫做到完美並且隨時以顧客的角度審視內容。不過，會議一開始就沉默二十分鐘閱讀資料，的確是前所未見。

貝佐斯曾經在金融業界工作，他成立的公司自然有其風格，大家都知道亞馬遜非常重視數值，甚至有人說亞馬遜是 KPI（Key Performance Indicators，關鍵績效指標）至上主義的企業。也就是說，公司內部會決定好月、週、日等固定期間，根據業務內容詳細設定目標並且確認是否達成。譬如零售業會制訂來店客數和客單價等目標。然而，亞馬遜的 KPI 則是採取更極端地細分管理方式。

除了系統的運作狀況之外，還細分成顧客的瀏覽次數、轉換率、新客率、商城比例、不量資產率、庫存缺貨率、配送失誤與不良率、每單位出貨的時間。據說這些項目都按地區、倉庫、系統分配給各個管理負責人。

亞馬遜每週都會根據這些KPI數值，召開地區性和全球性的會議。會議基本上只會討論具體的提升方案。各KPI都有負責人，對人事考核有很大影響。恐怖的是KPI的管理單位為〇・〇一%（一般單位為〇・一%）。思考為什麼能達成或者不能達成目標，每天都在改善作法。據說日本樂天曾經模仿這種方式，但三個月左右就自動結束了。

這樣的作法和程式設計師一樣，先做出Beta版實際操作再找出可以改善的地方進行修正。最後，便可以集結所有優點，推出最終產品。這樣的經營手法，完全體現貝佐斯程式設計師的背景。

# 在亞馬遜成為巨大的帝國之前

亞馬遜現今已經成為一個巨大的帝國，本文將帶大家回顧一下亞馬遜的歷史。

創辦人貝佐斯生於新墨西哥州。在普林斯頓大學攻讀電子工學和計算機科學，後於專門操作期貨交易的金融機構，開發出年金基金專用的資訊系統。

之後轉職至對沖基金公司，一樣從事系統開發的工作。雖然一路升到副總裁，但因為相信網路商業的未來而獨立。貝佐斯經常提起他從「金融業界轉到IT業界」的經歷，但其實他並沒有負責金融實務，而是建構系統和網路的工程師。

一九九四年創立網路書店，隔年七月十六日成立「amazon.com」的網站。雖然是從買賣書籍起家，但貝佐斯從創業之初就把目標放在打造一個「什麼都賣」的網站。剛開始之所以會選擇書籍，純粹只是因為不會腐敗。另外，當時亞馬遜是史上第一個在網路上販售書籍的網站。

當初每天訂購的數量大約五、六冊，後來正逢網路興盛時期，訂購量一夕之間成長。同年十月就已經達到每天一百冊，不到一年就達到每小時一百冊的量了。

亞馬遜公司名稱源自世界上最大的河川，不過在決定這個名字之前過程很曲折。

貝佐斯當初想要用聽起來很像咒語的「Cadabra」當作公司名稱。不過，亞馬遜第一任律師托德・達爾巴特表示反對，認為：「Cadabra的發音聽起來很像意指解剖用屍體的Cadaver。透過話筒聽到這個單字會很難辨認，給人的觀感不好。」以此說服了貝佐斯。

另一個提案是「Relentless.com」。因為貝佐斯非常喜歡「Relentless（殘酷的）」這個單字。聽起來有點恐怖，不過貝佐斯真的很喜歡這個詞。

我希望各位試著在網路上搜尋Relentless.com。請放心，不會連結到奇怪的網站。這個網址竟然和amazon.com相連（二〇一九年四月的資料）。即便再怎麼喜歡「Relentless」，也不至於保留網域到現在，可見他真的很執著。

和Apple已經亡故的創辦人賈伯斯、Facebook的祖克柏、特斯拉汽車執行長伊隆・馬斯克等人相比，日本人對貝佐斯比較陌生。

若想知道他是什麼樣的人物，閱讀《貝佐斯傳：從電商之王到物聯網中樞，亞馬遜成功的關鍵》（天下文化）就能一窺他的面貌。

讓屬下長時間勞動、連週末也強制上班已經是理所當然。無能的人會被當作破布一樣丟棄，有能力的人則是被榨乾到再也做不下去。苛刻到連日本的黑心企業相比之下都顯得溫和。

順帶一提，貝佐斯想要的人才是「無論給他什麼難題，都能迅速行動，獲得龐大成果的人物」。這種條件讓人不禁覺得，如果這麼有能力，這個人應該會自己創業才對。

在會議上如果不順貝佐斯的意，當然會被罵翻。甚至還曾對員工說：「你是憑什麼浪費我的人生？」每個例子都非常可怕。據說他在其他會議上也曾大罵：「既然你笨到這個程度，那就思考一個禮拜稍微懂一點之後再來。」

當他的怒氣爆發時情況非常嚴重，因為無法控制憤怒時的情緒，所以有傳聞說他聘請專業的情緒控管教練。

《貝佐斯傳：從電商之王到物聯網中樞，亞馬遜成功的關鍵》這本書中也有提到貝佐斯恐怖政治的一面和勞動環境的嚴苛，不過貝佐斯本人同意作者到公司內部採訪。當然，他應該也了解，採訪的話一定會出現對貝佐斯自己和公司評價有負面影響的資訊，或許他其實是個很有度量的人。

# 結語

撰寫本書的契機，其實是二〇一六年十月在書店舉辦的一場演講。當時談到亞馬遜是什麼樣的公司、在書籍販售上的強項是什麼、成為利潤來源的 AWS 等有關亞馬遜持續爆炸性成長的各種狀況。

為什麼聊亞馬遜？

如同我在「前言」中提到的，亞馬遜是企業管理學的一大革命。不久的將來，一定會被列入企業管理學的教科書中。

亞馬遜今後仍將繼續成長，跨足各種行業，擴大影響的範圍。亞馬遜宛如宇宙大爆炸似地擴張，現在應該連貝佐斯自己都無法掌控了。我並不是亞馬遜專家，只是認為應該要有人整理這個全球規模大到誇張的狀況才提筆寫書。

像「Amazon Go」、「Amazon Dash」等嶄新的服務，讓亞馬遜每天都成為新聞討論的對象。

然而，現在亞馬遜背後的架構已經變得太過複雜，讓人很難理解全貌。

我認為必需要讓更多人知道，我們的生活劇烈改變，背後其實是受到這個充滿科技力量的公司影響。亞馬遜已經不再是經營者或顧問等企管專家了解就好的企業。

因此，本書我以淺顯易懂、專為一般人說明的方式書寫。如果不了解亞馬遜，最後可能會不知不覺被留在與外界隔離的世界中。

亞馬遜打造的「帝國」，未來會變成什麼樣子呢？目前亞馬遜的 prime 會員，美國有八千五百萬人、日本有六百萬人，今後預估也會持續增加。若加上其他亞洲、歐洲的會員，全球將超過一億人。幾乎等同國家規模的人口。

和其他世界級的網路服務相比，IG 的使用者人數為十億人，Facebook 為二十二億人，一億這個數字或許感覺不多。

然而，亞馬遜的 prime 會員忠誠度高得願意支付年費三千九百到一萬日圓，也是理所當然地享受「在真實與虛擬世界之間來去自如」的核心使用者。這樣的會員有一億人，讓亞馬遜顯得格外有份量，不能單純和其他僅限於數位世界的服務做比較。

亞馬遜今後仍會對這些會員持續提供嶄新的服務，並且顛覆各業界的常識。

亞馬遜已經改變了實際生活中的購物常識，也就是食品和日用品的零售常識。

亞馬遜信用卡，改變過去支付信用卡公司手續費的常識。

亞馬遜也改變了對零售業者融資的常識。未來開辦銀行之後，一定也會改變金融業界的常識。

接著，亞馬遜最大的強項——物流，讓真實與虛擬界線消失，就連國家與國家之間的界線都變得曖昧模糊。

當亞馬遜傲視業界時，就再也沒有企業能與之抗衡，版圖甚至會超越國家。

亞馬遜帝國將超越國家，侵蝕、規範整個社會。因此，我們必須現在就了解亞馬遜。

這次本書請中野亞海女士幫忙編輯。她是一位幹練的編輯人，平常編輯女性的化妝、穿搭書籍，打造許多暢銷再版的作品。我認為像她這樣為了做出一本好書而徹底講究細節的人，一定能把這本書編得精彩，所以把編輯的工作交給她。

書籍架構的部分則拜託在HONZ幫助過我的栗下直也先生。雖然平常都受他照顧，但喝酒的時候感覺角色總是對調。他不愧是產業新聞的記者，幫我把本書設計成以精確數字和資料為基礎又淺顯易懂的架構。

本書是有很多人在背後默默支持，才能完成的嶄新計畫。藉此向大家致上謝意。

二〇一八年七月　成毛真

※ 本書除發表資料以外，
為方便對照，匯率計算如下：

1 美元＝ 100 日圓
1 英鎊＝ 180 日圓
1 歐元＝ 130 日圓

# 參考文獻：

## 報紙、雜誌、書籍

《朝日新聞》二〇一七年三月二十八日早報第八頁
〈快速實踐靈感　亞馬遜的利潤功臣——雲端事業〉
《物流致勝》（角井亮一，商業周刊）
《華爾街日報日本版》
二〇一一年十月二十六日〈亞馬遜——浪費會侵蝕利潤〉
二〇一三年十一月十四日〈雲端事業擁有數兆美元的商機＝亞馬遜AWS部門位居第一〉
二〇一六年四月八日〈亞馬遜——磨練時尚感，挑戰既有服飾店〉
二〇一六年九月二十八日〈亞馬遜——在運輸業與UPS、聯邦快遞對決〉
二〇一六年十一月二十五日〈AI研究人員紛紛被挖角，從美國大學進入IT大廠〉
二〇一七年二月二十一日〈亞馬遜如同巨大的雲朵，競爭者無法近身〉
二〇一七年三月九日〈雲端業界的後起之秀Google，將挑戰兩大巨頭〉

二〇一七年四月十一日〈雲端業界前三強的『軍備擴充之爭』，新進企業無法匹敵〉
二〇一七年四月十一日〈亞馬遜達成每張股票一千美元的目標也是理所當然？〉
二〇一七年四月二十四日〈亞馬遜──設立專案小組研究自動駕駛技術〉
二〇一七年六月二十一日〈亞馬遜──收購全食超市的收穫其實是『資料』〉
二〇一七年九月八日〈亞馬遜的第二總部究竟會設在哪裡？招商之爭已經點燃戰火〉

《貝佐斯傳》（天下文化）
《東洋經濟週刊》
二〇一七年三月四日〈物流崩壞〉二〇一七年六月二四日〈亞馬遜的擴張〉
《Diamond Chain Store》
二〇一三年十月十五日〈美國零售業大全二〇一三〉
二〇一四年三月十五日〈亞馬遜出類拔萃的現金創造力〉
二〇一五年八月一、十五日〈特輯　最強電商──亞馬遜〉
二〇一六年六月一日〈月刊亞馬遜──第六屆泛歐洲 FBA 計畫啟動〉
二〇一八年一月一日〈特輯　亞馬遜革命〉

《道瓊美國企業新聞》
二〇一六年九月十六日〈亞馬遜──投資德州風力發電〉
二〇一七年三月二十五日〈亞馬遜食品店，未來營業淨利率是否會超過五％〉
二〇一七年四月五日〈美國的食品網購進展晚於歐亞〉

二〇一七年五月八日〈巴隆週刊選粹——利潤急增可能對亞馬遜股價造成負面影響的理由〉
二〇一七年五月十五日〈亞馬遜上市二〇年，投資人賺到錢了嗎？〉

《通販新聞》
二〇一六年十一月十日第六頁〈日本亞馬遜將 prime 標誌開放給上架業者『商城 prime』限定配送水準高的業者使用〉
二〇一七年二月十六日第六頁〈十字路口——亞馬遜帳號支付的可能性　不限於電商網站，就連實體店面也通用?日本將引進『Amazon Go』〉

《日經商業週刊》
二〇〇〇年七月三日〈個案研究——amazon.com〉
二〇一六年十二月二十六日—二〇一七年一月二日〈企業研究——亞馬遜網路服務〉
二〇一七年十月二日〈特輯——亞馬遜　貝佐斯眼中的未來〉

《日本經濟新聞》二〇一七年七月十五日早報第九頁〈新型態寡占企業——美國五大 IT 企業（下）被拋諸腦後的勞工〉
《日本經濟新聞電子版》二〇一七年十一月二十五日〈亞馬遜在雲端業界也充滿存在感，四年內導入企業成長五倍〉
《新聞週刊日本版》二〇一七年九月五日〈特輯——王者亞馬遜的下一步〉
《一橋商業回顧二〇一七年 SPR.》〈數位技術進步帶來的產業變化〉

《Amazon.com 的秘密》（理察・布蘭特，天下雜誌）

## WEB

《Business+IT》〈大膽推測！亞馬遜與微軟的運端伺服器數量〉
https://www.sbbit.jp/article/cont1/32635
《BIOGOS》〈〔緊急投稿〉亞馬遜收購全食超市以及全食超市甘願出售的原因〉
https://blogos.com/article/229788/
《東洋經濟 Online》〈亞馬遜——最強『購物帝國』不為人知的樣貌〉
https: //toyokeizai.net/articles/-/107279
《新聞週刊日本版》〈是否該阻止亞馬遜收購全食超市？〉
https://www.newsweekjapan.jp/stories/world/2017/06/post-7845.php

《Texas Monthly》〈THE SHELF LIFE OF JOHN MACKEY〉
https://features.texasmonthly.com/editorial/shelf-life-john-mackey/
《Forbes》〈Amazon's Wholesale Slaughter: Jeff Bezos' $8 Trillion B2B Bet〉
https://www.forbes.com/sites/clareoconnor/2014/05/07/amazons-wholesale-slaughter-jeff-bezos-8-trillion-b2b-bet/#17af3335041e

高寶書版集團
gobooks.com.tw

RI 333
amazon 稱霸全球的戰略：商業模式、金流、AI 技術如何影響我們的生活
amazon 世界最先端の戰略がわかる

作　　者　成毛真
譯　　者　涂紋凰
主　　編　吳珮旻
編　　輯　賴芯葳
美術編輯　徐子大
排　　版　李夙芳
企　　劃　何嘉雯

發 行 人　朱凱蕾
出　　版　英屬維京群島商高寶國際有限公司台灣分公司
　　　　　Global Group Holdings, Ltd.
地　　址　台北市內湖區洲子街 88 號 3 樓
網　　址　gobooks.com.tw
電　　話　（02）27992788
電　　郵　readers@gobooks.com.tw（讀者服務部）
　　　　　pr@gobooks.com.tw（公關諮詢部）
傳　　真　出版部（02）27990909　行銷部（02）27993088
郵政劃撥　19394552
戶　　名　英屬維京群島商高寶國際有限公司台灣分公司
發　　行　英屬維京群島商高寶國際有限公司台灣分公司
初版日期　2019 年 6 月



國家圖書館出版品預行編目（CIP）資料

amazon 稱霸全球的戰略：商業模式、金流、AI 技術如何影響我們的生活 / 成毛真作；涂紋凰譯 . -- 初版 . -- 臺北市：高寶國際出版：高寶國際發行，2019.06
面；　公分 .--（致富館；RI 333）
譯自：Amazon：世界最先端の戰略がわかる
ISBN 978-986-361-670-2（平裝）
1. 亞馬遜網路書店（Amazon.com）　2. 企業管理
487.652　　108005563